做自己人生的总导演

文静 / 编著

1 2 3

与其被动迎接，感叹造化弄人，
为何不换个角度，去执导我们的人生，好好地策划将来呢？

中國華僑出版社

图书在版编目（CIP）数据

做自己人生的总导演/文静编著.—北京：中国华侨出版社，2012.1

ISBN 978-7-5113-2135-0

Ⅰ.①做… Ⅱ.①文… Ⅲ.①成功心理－通俗读物
Ⅳ.①B848.4-49

中国版本图书馆CIP数据核字（2012）第002778号

●做自己人生的总导演

编　　著/文　静
责任编辑/赵姣娇
经　　销/新华书店
开　　本/710×1000毫米　1/16　印张15　字数200千字
印　　数/5001-10000
印　　刷/北京一鑫印务有限责任公司
版　　次/2013年5月第2版　2018年3月第2次印刷
书　　号/ISBN 978-7-5113-2135-0
定　　价/29.80元

中国华侨出版社　北京市朝阳区静安里26号通成达大厦3层　邮编100028
法律顾问：陈鹰律师事务所
编辑部：（010）64443056　64443979
发行部：（010）64443051　传真：64439708
网　址：www.oveaschin.com
e-mail：oveaschin@sina.com

前言

亲爱的你，不管现在年龄多大，回头看看曾经走过的路，每一段经历演绎的悲欢离合，是不是都像一场场电影？其中有激动人心，有欢声笑语，有泪雨滂沱，有矛盾困境，有疑虑重重，有茫然无措……人生实在太充满戏剧性，古往今来，无数人都在思考这样一个问题：怎样才能让自己的人生精彩无憾？过去的早已不可挽回，只能当作回忆品尝，现在正徐徐发生，就在我们的指尖分秒地流走，而将来正等待我们随时去与它相遇。既然如此，与其被动迎接，感叹造化弄人，为何不换个角度，去执导我们的人生，好好地策划将来呢？有的人一生随波逐流，永远都只是别人电影中的配角，而有的人却永远牢记自己才是主角，时刻以一种独特的魅力吸引着周围的人们，这就是差别所在。既然我们可以选择，为什么不在这样有限短暂的人生中去创造自己的独一无二呢？因为你不仅是自己人生的总导演、编剧，更是唯一的主角！能在未知的境遇尽自己的努力去策划、奋斗，这大概就是生命给予我们最大的安慰。

将镜头对准自己，你可能一开始会遇到很多问题。令自己都觉得毫无美感与激情的人生剧本，对导演知识与技巧的一无所知，主角的不自信，配角迟迟不出现，即使调好角度，将摄像机扛在肩上，我们又该如何编排设计呢？要掌握电影的主动权，我们要学的还有太多太多。我们要学会在纷杂的生活中找到自己所追求的，学会舍弃那些原本并不想拥有的，学会在遇到阻碍时能放松眉头，学会在受到旁人怀疑时能肯定自己的想法，学会在失落时给自己一个温暖的拥抱，学会在迟疑时给自己果断的力量，学会在胆怯时鼓励自己走到舞台上去，学会在茫然时为自己点一盏灯以找寻方向，学会如何在平淡的剧本中挖掘精彩之处，学会在掌声响起时能坦然面对，学会将人生些许当作淡云清风。

从现在开始，我们就是唯一的编剧，我们随时倾听到自己的内心，写下最适合自己的剧本，编排最适合自己的情节，说自己想说的话，并且时时修正。从现在开始，我们就是唯一的主角，不论别人在演绎什么样的情节，我们要做的不是在一旁欣赏感叹，而是把握好节奏投入到自己的电影中去。从现在开始，我们的人生就是全新的，它有了我们热情的投入和理智的选择，又加上一份执著，不论前路如何，都不会再返回到碌碌平淡之中。

而本书，会陪着我们一直走下去。在将来的未知中，不管我们的电影执导得如何，我们自己演绎得如何，都希望我们是一个坚强的演员，一个心怀美好的编剧，一个不断向前的导演，能依靠自己的力量执导一场又一场精湛感人的人生电影。

目　录

篇一：策划篇

——影像与思虑交融，现实与梦境并不遥远

篇二：准备篇

——着眼当下需求，借助剧目背后的完美东风

目录

CONTENTS

篇四：杀青篇

——举起谢幕的红酒，剧终写意尽在无悔笑容

篇一：策划篇

——影像与思虑交融，现实与梦境并不遥远

第一章　为梦境而生，为幻想而狂

你热爱生命吗？你每天花多少时间在你根本不愿意和不喜欢的事情上？快停止对生命的浪费吧，去开始领略梦想的美妙！为这独一无二的生命，为这绝不重复的梦想之旅，去发狂一次，去嚣张一次！人生如电影，每一段都应是独一无二的创作，但愿梦想成为这场电影的关键词，不要等到结束时才发觉缺少了这个最动人的主题。但愿我们已经决定结束最后一次夸夸其谈，在人生的幕布拉起之前，已然端正对于生命的态度！

1. 那些不被人理解的涂鸦

那些被我们随意画在纸上的涂鸦，不一定总是会被人理解，可是那恰恰正是我们的梦想之音！它扭扭曲曲，断断续续，或者整体干脆不成图案、不成文章，但是谁能否认这样的涂鸦毫无价值可言呢？忘了别人是怎样看待和对待这些涂鸦的吧！那只是别人的无心之论，也只是毫无参考意义的评述。只有沉下心来思量，我们才会明白自己的内心真正想表达的是什么，想追求的是什么。

很多人都有过这样的经历，在某一个时刻，你的脑海里呈现出一个场景：你是主角，你或许在一个大礼堂内演讲，在一个大舞台上跳舞，在一间充满艺术氛围的房间里绘画，在一望无际的草原上奔走，在黑夜的山崖下夜宿……你认为那只是幻想而已，在幻想之际，你或许会留下什么线索。你在纸上随意地写着一些字，或者随意地画着什么，然后一个提醒，你又开始投入了日常的工作，而那些纸片，很快地被当作了垃圾扔进了公司或者家里的垃圾桶里。

这样的场景不仅仅出现在此刻的生活中，而且在我们的童年里，这样的涂鸦更是多见。大人们只会说一句：这是什么呀？然后一笑了之。由飞行员安东尼·德·圣－埃克苏佩里执笔的风靡全球的短篇小说《小王子》开篇就讲述了这样一件事：

6岁的孩子在一本描写原始森林，名叫《真实的故事》的书中，看到了一幅精彩的插画，画的是一条蟒蛇正在吞食一只大野兽。这张插画引起了他的强烈兴趣，他幻想了很多丛林中的奇遇，于是他用彩色铅笔画了他人生中的第一幅画：一条巨蟒在消化着一头大象。他把这幅杰作拿给大人看，并且问他们这张画是不是让他们感到害怕。结果大人们回答说：“一顶帽子有什么可怕的？”

孩子不甘心，于是又画了一张剖面图，把巨蟒肚子里的情况画了出来，以便让大人们能够看懂。但是大人们在扫了一眼他的第二张画之后，劝他把这些画着开着肚皮的，或闭上肚皮的蟒蛇的图画放在一边，把兴趣放在地理、历史、算术、语法上。于是，6岁那年，这个孩子放弃了当画家这个美好的职业。

这样的遭遇实在是多见。和小说中的大人们一样，他们总是会说：你怎么玩儿这个！你怎么去那儿？你怎么……全是责备。又或者他们说：你应该背这个，你应该学那个，你应该……全是管束。在我们进入小学后，我们学习语文、数学、英语、自然，所有人碰见我们的第一句话是：考试考了多少分？很熟悉的画面是不是？为了回答这个问题，为了止住大人们的唠叨，我们努力考100分，努力当上学生干部，努力得三好学生。但是，从来没有人问儿时的我们：你喜欢做什么？你想做什么？是的，那些被称为“课外”，或者“爱好”的东西，从来都成不了谈话的重心。在我们有成熟的思想和较为准确的判断力之前，我们的梦想已经被剥夺了最好的时机。我们被关在了一间叫“教室”的地方，开始“上课”，开始努力“成为”这样或者那样的人。而我们假期的补习班，也只是跟着家长从这个教室走到那个教室。这就是我们大多数人的人生前20年。

但是现在，不管你是20岁，25岁，还是30岁，都已经将命运的主宰权握在了自己手中。我们是不是该再回头想一想，自己究竟需要的是什么，这样努力究竟是为了什么？通过自己的努力我们将成为一个怎样的人？一年之后，三年之后，五年之后，当你再与从前的朋友相聚，你变成了什么样子？或许你希望自己变得更积极乐观，美丽大方；或许你希望自己变得更洒脱不羁，成熟自信；或许你希望你已经实现了当初的“吹牛”。总之，首先我们需要的是找回当初被称为“幻想”或者“胡思乱想”的东西，它的名字应该叫“梦想”。

梦想对于生命有着怎样的意义呢？这个越来越倾向于隐藏在文字中，却不再出现在言语中的词究竟代表着怎样的力量？你又怎样评估自己实现梦想的能力指数？

一位家庭妇女，出身非洲贫困农村，年龄已过30岁，学历是小学，同时她抚养着5个孩子，她的婚姻状况是家庭暴力，她的丈夫身患艾滋病。你认为自己和这样一个人比谁更有力量？这个女人名叫特莱艾·特伦恩特，2009年年底，44岁的她在美国西密执安大学获得了哲学博士学位。特莱艾的梦想简单得不能再简单，她的梦想就是读书，在学校接受教育。

1965 年，特莱艾·特伦恩特生于津巴布韦一个小村落。她只上了一年小学便被父亲领回家，因为她的父母认为供女孩上学是浪费钱。辍学的特莱艾在家帮助母亲忙家务，帮父亲忙农活，但是她却选了一块大石头当自己的书桌，每天她都缠着哥哥给她讲一遍课堂内容，并且将哥哥的作业再做一遍。她用一张小纸条写下了自己的 4 个梦想——出国留学，读完学士、硕士和博士，然后她按照非洲人的传统将写着这 4 个梦想的纸条放进一个瓦罐里，埋在家门口。11 岁那年，父亲便把特莱艾嫁给了在整个婚姻中不断打她的丈夫。十几年后，她成了 5 个孩子的母亲，生活贫困。但是她依然没忘记当时那些写在纸上的梦想。

30 多岁的特莱艾从为国际援助组织工作开始，攒下工资攻读函授课程，从小学课程一直补到高中。1998 年，她被美国俄克拉荷马州立大学录取进本科学习。为了不丢下孩子，特莱艾不得不带上丈夫一行 7 人到美国留学。微薄的助学金、上学的孩子，加上无所事事的丈夫，一家人的生活就在冰冷、残败破旧的车式房子里完成。他们的食物是特莱艾在家门前的垃圾桶里找的邻居家丢弃的食物，她的丈夫还用拳打脚踢发泄着不满。为了不让孩子们总是饥寒交迫。她不得不一边打几份工，一边还利用一切时间学习，除了生活贫苦、缺少睡眠，她还要忍受家庭暴力。就是这样的生活状况，但特莱艾还是坚持了下去。最终在好心人提供的帮助下，她实现了自己的梦想。

和特莱艾相比，我们的生活又怎样呢？激励特莱艾的是曾经的“书桌”和装载着自己 4 个梦想的一张纸条。那我们写着梦想的那些纸条又去了哪里？如果早已丢失，我们是不是该努力去找回？林语堂曾经说过这样一句话：梦想无论怎样模糊，总潜伏在我们心底，使我们的心境永远得不到宁静，直到这些梦想成为事实。

那些隐藏在我们心里的“奇思幻想”，那些突然冒出来的奢侈的念头，那些在我们脑海里不停策划的场景，现在是不是起码该为它们定一个清楚的画面，然后告诉自己：是的，我将要去实现它们！

心灵许愿瓶

愿我们能暂时放下手边的事情，静下心来，好好地想想我们曾经丢失了什么？现在要找回的又是什么？如果已经有了答案，不要再延误，也为你的梦想找一个保存的“瓦罐”吧，直到有一天你的梦想实现，再来开启这神奇的罐子。那时你的“涂鸦”将变得意义非凡！

2. 倾听心灵的指引

现在，将梦想的涂鸦纸条收好，一切都看似并没有改变。好了，下面我们要做什么？我们真的能完成吗？这时候，谁能帮助我们？

不管是什么原因，我们的心灵经常受到来自外界的阻挡。它不是一条直线，加一个箭头就指向了梦想的终点。更多时候，它像一条弯曲的路，在弯曲的地方还会有岔路出现，这时候你一定会希望有人给你提供一些帮助，告诉你路要怎么走，或者你会花很长时间去想正确的方向到底在哪里？在得出答案之前，一定要记住：你的生活是你自己的，不是别人的，你有充分的理由走自己的路。

有一个感觉到自己人生非常失败的青年，找到心灵指导师，告诉他自己的苦恼。指导老师在书写板上画了一个大大的心形图案，并在图案里面写上了三个字：我无法……然后，让他写出三句可以概括他烦恼的话。这位青年在板上写下了这样三句话：我无法照顾年迈的父母！我无法实现我的人生理想！我无法去实现心里的美好愿望！

心灵指导师让这位青年大声地反复读这三句话，结果那个青年读着读着，竟然哭了起来，压抑和委屈全都跟着眼泪流了出来。这时，老师要求他把“我无法”三个字改成“我不要”，继续读。于是，三句话就变成了：我不要照顾年迈的父母！我不要实现我的人生理想！我不要去实现心里的美好愿望！

青年人读着读着，感到自责极了，又落下了悔恨的泪。这时，心灵指导师又要求他把“我不要”三个字改成“我一定要”，继续读。于是三句话又变成了：我一定要照顾年迈的父母！我一定要实现我的人生理想！我一定要去实现心里的美好愿望！

年轻人大声地读起来，越读越大声，越读越有激情，直到筋疲力尽，他才停下来。心灵指导老师问：你还需要我为你解答你的烦恼吗？青年摇摇头，大步流星地走了出去。

其实，这个年轻人的烦恼也是我们很多人的共同烦恼。而我们也和青年人一样，最初只看得到自身的状态是：“我无法……”然后我们为之茫然。却不知当我们在对自己说：“我无法……”的时候，心灵之语也被设置了“我不要”，我们不要去努力，不要去争取，不要去实现，因为我们失落了、无奈了。如果将这种干扰的因素排除，你会听到其实我们的心最初是这样说的：我一定要……

是的，我们的心灵经常受到来自外界的阻挡。你花很长的时间思索，你找不同的人征求意见，但是大多数并无多少收获。不可否认，在生命中总会有某个时刻，你需要有人给你提供一些有益的意见，但是不可忘记的是，不管世界的主流价值观是怎样的，你的生活、你的人生、你的每一天都只属于你自己。

唐娜·迪薇罗娜是个不错的游泳健将，但是一直以来却难以成为顶尖的选手。但是有一天，她拿到了两枚奥运会金牌。对于记者的提问，她这样回答：“以前我老是在注意别的游泳选手，但是之后我就学会无视他们，游我自己的泳。”回到以前，相信当唐娜·迪薇罗娜下水的那一刹那，心中想的是怎么样才能以最快的速度达到终点，可是太多干扰使她无法集中注意力。直到有一天她明白，为什么要去理会外界的那些因素呢？是的，我们需要聆听的往往只有自己的心而已。

因此，我们可以将这样几个句子记在本子上：我的心要去哪里？它要做什么？我一定要……然后将脑子里原来那些“怎么办……”“我无法……”通通彻底丢到垃圾桶里去吧。

听听，你的心要做什么，去做吧！不要让任何其他的声音阻挡住你，去做就是！你的人生不会因为你突然改变想法而毁灭，你的世界也不会因为你没有按照平常日程而崩溃，你周围的人更不会因为你的改变而成为你的敌人。

有一个事业非常成功的人，到了40岁生日的那天突然陷入了烦恼之中。他拥有足够的资金、名望和权力，却突然对一切感到厌烦，他想去追寻梦想，他想辞职，然而恐惧也随之袭来，他害怕不能挣足够的钱来供给家人。

有人问他：“如果你不用担心钱，那你会做些什么呢？”他说：“我会研究如何治疗身体与精神上的创伤，我要尽自己的努力去帮助别人脱离痛苦。我还会花很多时间旅行，到大自然中去沉思与冥想。”回答中，这个中年人思索着，表情略显迷惑。

但几个星期之后，这个中年人突然变得心情大好，完全没有了先前在生活中挣扎的影子，所有的烦恼都解决了。面对别人的疑问，他说出了自己的经历：我和我的父亲进行了愉快的交谈，父亲了解我的处境后，他没有责备我，只是去房间里拿了一张支票给我，提供我一年的开销。”

之后，他又踏上了一直向往的梦想之旅。他进行了瑜伽修行导师培训，并拿到了催眠疗法师证书，他还去了尼泊尔的一所修道院修行了一段时间。最后，他成了一名整体愈合师，并致力于为人们解除身体上的疾病和心灵上的迷惑。

正如这个中年人的经历一样，人生本不该有太多的忧虑与恐惧，只要你依循心灵的方向，你周围的人，包括你的父母、爱人，一定都会理解你，并且给予你力量，因为心灵的方向才是人生最好的方向。这方向，会有一股神奇的力量，带给你生命更美好的运转。

所以，当时间静下来的时候，我们不妨都停下来好好倾听一下自己心灵的声音吧，想想那颗沉睡已久的心灵是否已经上演了多年的独角戏？这么久以来，她一直都跟随着你，为你记录过去所做的每一件事，为你所拥有的每一个念头呐喊。她也和你一样，为你高兴过，为你挣扎过。只是，尘世太吵闹，我们听不到。

从现在开始，认真地倾听心灵的声音吧，记住：我们的生命是很有限的，所以不要将时间浪费在重复其他人的生活上。不要被任何人的价值观束缚，否则你将和其他人思考的结果一起生活。不要被大多数人喧嚣的观点掩盖你真正的内心的声音。你要有勇气去听从你直觉和心灵的指示——它们在某种程度上知道你想要成为什么样子。

心灵许愿瓶

愿我们能尝试着去做一件曾被打消了念头的事，去“不寻常”一次，去不计后果一次，去疯狂一次，去震撼一次，去为自己的心勇敢一次，去为你的生活增彩一次。然后我们也许会尝到一些后果，不管是什么，去承担就是，没有什么大不了。关键是你的生活正在很好地继续，并且是遵循着我们内心的指引而生活着，不是为了别人的眼光而生活。

3. 不要再说“一切都好”

收到心的方向，我们还需要准备什么？是的，在出发之前，你必须学会承认自己的问题，承认自己将来遇到的困难，承认自己的无助，承认自己需要获得帮助，然后才能很好地去解决。

在一场追梦的电影里，跌倒总是不可避免，困惑总是不可避免。你是选择独自承受，还是选择与你的好友共享？如果你选择独自承受，真糟糕，也许你的“善意”保护了一个叫“虚荣”的孩子、一个叫“强烈自尊”的孩子、一个叫“成长”的孩子、一个叫“义气”的孩子……可就是没保护你自己。我们学会了说“没事”，却没有学会“善待”自己。

到底是谁为我们的荧幕笼罩了一层悲伤的色彩，迟迟不愿意切换镜头？到底是谁在逼迫我们不向“外人”承认自己的“无助”？

“最近好吗？”

“我很好。”

不管是在电话里、MSN、QQ上，这是最常见的对话。不知道是从何时开始，我们学会了使用这种固定答案。也许你会说“冷暖自知，何必事事对人言”。如果问你的是你的好友呢？你是否会如实地告诉他你的境况？

更多的人选择了安安静静地独自待着，默默伤心流眼泪，或者沉溺于虚无之中。这时候，为什么不向你的朋友打个招呼呢？或许，你可以举出很多很多的原因：①在他们的眼里我一直都很让人放心；②我不愿像祥林嫂一样让人讨厌；③不愿意让朋友担心；④说了也于事无补；⑤只要给我时间，我能应付，这是我该独自承受的……可问题是，为什么我们要给自己这么多理由，只是为了让自己独自难受？你的“善意”保护了谁？你保护了你的虚荣、你的乖巧、你的义气，但是你也失掉了一次和朋友沟通的机会，失掉了一次调节自己情绪的机会，失掉了一次改变你思维方式的机会。

美剧《绝望的主妇》中有这样的情节：超人主妇勒奈特婚前是个女强人，可是自从有了孩子后，勒奈特面临的是一天 24 小时，一个星期 7 天的忙碌。勒奈特的丈夫又忙于赚钱帮不上忙，经常公事在外，半个月都见不到人。勒奈特感到孤立无援，常常自责是个失败的母亲。在每天不断和这些“小魔鬼”搏斗中，她开始意志消沉，甚至使用一些违禁药物来保持精力。有一天，她万分沮丧，独自在公园里想到了自杀。这时候她的邻居走了过来，看到了沮丧的她，这时候的她和寻常那个言语犀利的她完全不同。她第一次向邻居吐露了她对于生活的无助，结果邻居告诉她，她们也曾遭遇和她一样的情况、一样的心情。勒奈特哭了，她说：为什么我从来没听你们说起过？你们为什么不早说？说完她的心情豁然开朗。

即使是面对邻居好友，展现出来的总是美丽的一面，这是不是我们的习惯？可谁都知道，即使你再完美，也会遇到烦恼，你会偷懒，你会哭泣，你会有些性格上的小矛盾，每个人都是如此。

翻开世界的人物卷册，你会发现，不仅仅是我们，世界上最出名的一些人物，也并不总是“很好”的。如政治家林肯、拿破仑，科学家哥白尼、法拉第，思想家卢梭、罗素、叔本华，文学家普鲁斯特、劳伦斯，画家毕加索，作曲家瓦格纳、舒曼……全都有抑郁症的记录。既然连伟人都无法做到很好地生活，我们又怎么能总是说自己“一切都好”呢？

那么，为什么我们仍然坚持要让自己独自消极、沉溺、难过，就为了保持那么一个虚无的好形象？我们是不是哪里集体出错了？更糟糕的是，这种独自承受的感受将像潮水一样慢慢淹没我们的快乐，使我们变得容易伤感、容易孤单。

到底是谁在逼迫我们不向“外人”承认自己的“无助”？没有人，没有人！因此，当我们感到无助的时候，不要再消极地躲在一角，鼓起勇气站出来吧，不为别的，只为治愈自己。

一个失恋的女孩躲在房间里不愿意走出房门，这时候她的外婆敲门了：“亲爱的，出来做顿饭吧，把你的朋友都请过来。”

女孩以为自己听错了，她在门里喊：“外婆，我不想见任何人，我需要自己冷静一下。”

她的外婆说：“你什么都不用说，什么都不用做，只要在我的身边稍稍帮下忙就行。”

于是女孩走出房门，她在外婆的指点下，准备了丰富的菜肴，并且把水果洗净做成拼盘。厨房里没有排油烟机，于是女孩敞开了门窗。空中下起淅淅沥沥的小雨，炉灶上煨着香喷喷的酱肉，烤箱里蛋糕发出诱人的气味。外婆拧开了收音机，女孩发现自己正随着音乐轻声哼唱。

聚餐的时间到了，女孩又紧张起来：“如果朋友们不喜欢我准备的菜怎么办？”

“那是他们的问题，你已经做了充分的准备，只要轻松地端出去就行了。”外婆说。于是女孩照办了。结果她的每一个朋友都感到非常意外，他们大多数人从来不知道女孩会做菜，更多的人为了这次突然的聚会兴奋不已，女孩也被快乐的气氛感染。就在这场聚会上，她的细腻吸引了一个朋友带来的朋友的注意，多年之后那个男孩成了她的丈夫。

正如女孩的外婆所做的那样，其实我们都必须学会让自己走出阴冷的角落，这是击败沮丧的前提。当你发现自己还笑得出来，还能感到开心的时候，你就向痊愈迈出了一大步。有谁能保证在生活中永不受伤、永无烦恼呢？如果没有流过泪，如果没有从“不好”中走出来过，又怎么知道“风轻云淡”不是一种状态，而是一种心境？如果没有流过泪，怎么知道“坚强”这个词语这么富有意义，而不只是一个普通词语？

不要再闭着门，不要再假装微笑着说“我很好”，给自己走出阴霾的机会吧。你完全可以在电话里狠狠地哭一场，因为你要把悲伤赶走，让快乐停留；你完全可以在朋友的肩头哭泣，因为为梦想进取，独立的你值得佩服；你完全可以在亲人的怀抱里哭泣，因为你在努力，你在努力战胜自己，你义无反顾；你完全可以在爱人的胸口落泪，因为在别人面前流的眼泪本身就代表着一种治愈，代表你学会了进取、学会了自强。正如诗人舒婷的诗《神女峰》所写的那样，“与其在悬崖上展览千年/不如在爱人肩头痛哭一晚”。

心灵许愿瓶

我们很少意识到自己的情绪需要的不仅仅是一个结果，更多的是需要“管理”及“主动改变”。无可否认，我们早已学会了用两种模样来面对自己和他人，乃至于自己的世界越来越狭窄。而面对挫折时，改变负面情绪的最好方法就是承认自己的无助，寻求帮助。我们应该开始学会面对这个一生都不会中断的问题，否则，我们无异于用“悲伤”自残。

4. 没有完全的喜剧或悲剧

除了“自虐狂”，在人生这场电影里，恐怕没有人会期待悲伤的情节，更不会有人期待悲剧的结尾。可是造物主总是喜欢开人类的玩笑，他喜欢让人一遍遍地遭遇绝境，又喜欢在绝境处给人一点希望。这场经历到底是喜剧还是悲剧呢？恐怕从不同的角度看，结果完全不同。

所以，我们又何必执著于一定每天都要欢天喜地，何必执著于每天必须都是幸福的？何必执著于生活不能有无奈和疑惑？人生这场电影本无所谓喜剧还是悲剧，只要你是活在自己真实的世界里，只要你用心去接近希望，这就是一场完美的电影。

每个人最初都想争取一个完满的生活，然而世上没有完全美满的生活。自古而今，多少哲人文人都想思索“生活”这个问题，人生来似乎就无法避免这个问题，任何一个凡人都不能提前制订一个计划，从生到死，一步步去按计划实现。

有些人觉得人生来就是受苦的，所以才有那么多的烦恼，这是悲观者的自慰之词。有些人总是相信希望在前方，期待着在明天奏响美妙的乐章，这是乐观者的生活配乐。有些人更愿意以自然的状态对待生活，兵来将挡、水来土掩，以一种冷静沉稳的心境来对待。而有些人效仿陶渊明，甘愿隐居自然，怡然自乐，淡漠一生。这几种对待人生的观点并无对错好坏之分，只是仁者见仁智者见智。有区别的只是各自人生的色彩不同，有的暖如金黄，有的冷如秋叶，有的淡如白雪，有的朦胧如薄雾。在这缤纷多样的生活里，既不只是喜剧，也绝对不只是悲剧，如同潮起潮落一般，生活的起伏跌宕是自然的规律，生活的冷暖灰白也是自然常态。不管你为自己的生活最初预订的是什么样的色彩，多数有可能在中途被迫变色。如果这种“变色”被人认为是一种“悲”的话，那么下面的故事或许能带给我们一些启示。

20世纪80年代，在纽约市南尔布兰克斯区，有一个17岁的男孩经过努力，终于如愿获得了哥伦比亚大学的奖学金。3年之后，正当他的学业一帆风顺时，他开干洗店的父亲突然病故了。男孩向学校请了假，并向老师保证：“等我将父亲的店料理好，秋季开学时我就回来！”于是这个男孩办理了停学。

可是，男孩却没能实现自己的承诺。又3年过去了，男孩虽然终于把父亲的店从破产边缘拉了回来，然而他也已经失去了再入学的资格。当老同学邀他参加毕业典礼时，他痛苦地谢绝了。

看到男孩这6年的遭遇，我们无不为这个男孩感到可惜。然而，如果你知道后来这个男孩的遭遇，你一定会觉得，也许那令人痛苦的被迫退学也未尝不是一件好事。

一次在去纽约的飞机上，男孩看到这样一件事：在布兰克斯区有成千人在上班途中把脏衣服带到曼哈顿请人洗。瞬间他想到了，这是一个巨大的市场。于是他用开家庭干洗店挣的钱自己创办了一项新的业务。

又是几年过去了，男孩创建了“洗中王”洗衣连锁店。这时候的他仍然为自己没上大学而耿耿于怀。于是他向哥伦比亚大学申请用空余时间完成一个学位。但遭到了拒绝，因为他直接被聘请为商科专业的学生讲课。

如果没有这些年来的经历，也许男孩只是一个从哥伦比亚大学毕业的学生而已，然而现在，他不仅是世界著名洗衣店的老板，同时也完成了自己的人生理想。我国古老的哲学著作《老子》中有这么一句：“祸兮福之所倚，福兮祸之所伏。”意思是祸与福互相依存，可以互相转化。饱含智慧的先人用这么简单的一句话就表明了生活的辩证法：祸福相倚，悲喜相转。在这么多样的人生里，由福转祸的不在少数，因祸得福的也不鲜见。因此，一个人沉陷在悲或喜之中无法自拔，往往只是由于个人心境释然，而非生活使然。

匈牙利国家男子击剑队队员塞凯赖什曾经是一个帅气的小伙。1988年，在汉城奥运会上他曾获得花剑团体铜牌。就在他觉得自己正走向人生最美好时刻的时候，一场车祸却夺去了他所有的骄傲，他必须永远地坐在轮椅上了。当记者去采访他时，他只说了一句话："躺在病床上，我只想一个问题，以何种方式结束自己的生命。"

作为结束生命的前期准备，他对前去探望的女友提出了分手，令他感到意外的是，他的女友却对他说："我爱的是你，不是你的腿。对于真爱来讲，腿或其他东西可能是多余的。"如今，塞凯赖什已经成为了3个孩子的父亲，那个爱她不在乎腿的女孩就是他的妻子。当记者再去采访他时，他说："我听见妻子在厨房里切土豆的声音，而我自己在客厅里将小儿子逗得发出咯咯的笑声，我觉得自己是世界上最幸福的男人。"

生命的意外让人跌到低谷，生命的馈赠又让人重拾幸福。这两者就像一杆秤，时而这边多一些，时而那边多一些，大多时候持平，偶尔会失控。然而，经过了这无数次的打破平衡又重新获得均衡，生命的悲喜早就不再能细致地称量出来，也再没有谁能说自己的生活是一场彻底的喜剧或者悲剧。在这场需要我们"策划"的生活里，在这场带着梦想而行的旅途中，我们永远都只能抱着一种开放的态度，接受能接受的，改变能改变的，收获能收获的，感恩该感恩的。

心灵许愿瓶

这是一场没有特定情感基调的电影，既有皆大欢喜又有满目哀伤，时而让你哭着哭着笑了，时而又让你笑着笑着哭了。你悲伤着它的悲伤，快乐着它的快乐，于是，一切如常，最终走向开放式的结局。

5. 我的“嚣张”必成就辉煌

我想说，在这场策划里，我要走我自己的路，我要去看我想看的风景，我要说我想要表达的观点。不管旁人说我怎么嚣张，怎么不识时务，怎么目中无人。在这个世界上，我就是独一无二的，我的梦想对于我而言就是最重要的，因此谁也别想阻挡我。

著名的作家三毛第一次去国外读书时，她秉承着父母教育的为人处世方式——谦卑、有礼、温和。在宿舍里，每天清晨起床就要打扫卫生以应付内务检查。因为三毛的温和好相处，她不仅要铺自己的床，还要给室友铺床，挂室友丢下来的衣服，独自擦洗脏了的地，清理隔日丢在地上的废纸。她的衣柜更成了时装店，每天有不同的女同学来借衣服，并且总是不及时归还这些衣物。只要三毛在宿舍，找她的电话就会由不同的人打过来，让她帮忙收衣服，让她帮忙烫裤子，让她帮忙打饭等，谦和有礼的三毛只能沉着气一句抗议的话也不敢说。这样的生活持续了一段时间，直到有一天三毛再也忍不住了，她觉得她来是为了读书，而不是为了做一个老好人。于是她发怒了，当着院长的面和同学动了手。自那以后，三毛一改温和乖巧的作风，勇敢地表达自己的想法。先前被借去的衣服都还回来了，她说：“洗了再还，现在不收。”听唱片的时候，她不再总是顺着别人的意思，还故意去借了中国京戏唱片来放。她不再一听到电话响就放下书本跑去接，任它响一千两百声眉毛也不动一下。奇怪的是，嚣张的三毛不但没有被同学冷落，反而受到了大家的欢迎。三毛也在这样的环境中完成了自己的学业，收获了很多珍贵的记忆。

很多人像少女时期的三毛一样，自小受到中国传统思想的影响，讲究以和为贵，即使自己的思想和生活受到了侵犯，为了表面的和谐关系也只是忍着，却不知这样不仅失掉了自己的个性，更打乱了原本的生活节奏与习惯。倘若三毛一直忍着做那个乖乖听话的女孩，恐怕我们也不会看到那个在沙漠里独树一帜的女子，也看不到那些风格迥异的文字。

然而，三毛是幸运的，她的“抗争”和“嚣张”在国外得到了积极的回应。

古波斯人萨迪，他逢人便说明自己的生命观：人应该活到90岁，前30年用来读书，中间的30年用来漫游世界，最后的30年用来著书立说。他不仅这样说，还身体力行，把他母亲气得一夜白了头，也将他父亲的嘱托置于脑后。美国人亨利·梭罗，他小时候读《圣经》，看到上帝关于“每周工作6天，休息一天”的教义后，对母亲说：“妈妈，我长大后可不想那么累，我要每周工作1天，休息6天。”他的妈妈听后当场就被儿子的话吓晕了过去。

后来，萨迪果然花了几十年的时间漫游，他沿途布道讲学，足迹遍及叙利亚、埃及、摩洛哥、埃塞俄比亚、印度、阿富汗和中国等，总计40多个国家和地区。他在结束漫游返回故乡后，写下了优美典雅、独具风采的抒情诗作《果园》和《蔷薇园》，并且真的活到了90岁。亨利·梭罗28岁时便撇开一切羁绊，在瓦尔登湖畔自建一座小木屋，自耕自食两年多，让生命与大自然融合在一起，并写下了让无数人羡慕和神往的《瓦尔登湖》。

所以，“嚣张”一些又何妨呢？只要你的“嚣张”并没有伤害任何人，只要你的“嚣张”是在为自己争取，只要你的“嚣张”能让你更坚定自己的方向，只要你的“嚣张”最终能成就你的梦想。你无法做一个人人都喜欢的人，但这并不能说明你不是一个有魅力的人。如果全世界的人都不认同你，那你可能确实需要反思，如果只是很少的一部分人嘲讽你、不支持你，也许就是你该“嚣张”的时候。因为你不能，更不必做一个人人都喜欢的人，也不是所有的人都会理解你的梦想与你的追求，而我们的“嚣张”必然能让自己的同伴更喜欢自己，也让你的反对者感觉到你的力量，而等待你的也一定会是一个更加自如的世界。

心灵许愿瓶

愿我们都能像勇敢的三毛，再也不要默默地听着周围人的夸夸其谈，我们的目的是前进，而不是为了那些毫无意义的“承认”。即使你是一个“听话”的人，对你的人生又有何意义呢？只有你保持自己的独特性格，努力去实现梦想，才能向所有人显示你的魅力。

6. 让想象叠加勇气

世上有两种人，一种因为顾虑太多，身上背负了太多东西无法飞翔，而大多数顾虑是无用的。另一种人明确地知道自己要找的是什么，他背上行囊便出发，遇到山便翻山，遇到水便趟水。你要做哪一种人？

大声地说：不！我不能让我的策划仅仅停留在纸上！

给我一些勇气吧，一旦没有“勇气”做动力，梦想只是苍白无力的一个词。

有一个女子，经常出现在世界各地的战场硝烟中，她有着高高的颧骨，一双蓝灰色的眼睛看起来忧郁又坚毅，即使是最危险的时刻，你仍可见到她涂着睫毛膏和指甲油，眼线画得又黑又重，看起来魅力四射。有时，你还可以见到她这样的模样：疲惫，头顶钢盔，帆布背包上有她手写的留言：如果出事，请将我的遗体交给意大利大使。

她只是一个意大利籍的新闻工作者，在20世纪六七十年代，风靡了全世界。这是一个怎样的女子呢？我们可以说她有魅力，我们可以说她职业能力很强，我们可以说她富有生命的激情，我们甚至可以说她是一个特立独行的传奇，但是在所有的描述之前，她只是一个富有勇气、敢于为梦想而狂的女孩。16岁时，她只是个医学院的学生。17岁时，她毅然放弃了所学的专业，投身了她的梦想——新闻业，多年之后，她成了一名战地记者。然而，除了战地记者这个特殊的职业，她还是一个生活方式特立独行的人。当时妇女的装扮是流行蓬松发型、戴小圆筒帽、穿超短裙，可是她却穿上了低跟鞋、短裤，素面朝天就出门。当短裤流行起来时，她又穿起了时装，戴上了帽子。不仅仅是装扮上，她言辞也大胆犀利、无所顾忌。

勇气对于这个女子，就是最明显的特质，这个女子就是奥瑞雅娜·法拉奇。

对于我们普通人而言，我们不会有着像法拉奇一样的传奇人生。但是生活在现代社会，我们似乎比法拉奇更需要那种特立独行、敢于梦想、敢于不断超越自我的勇气。

有一位留学生因为家中贫困，只有靠在餐馆、货场打工来维持自己的学业和生活。一天，他在报纸上看到有位教授想招聘一名助教的广告，于是他报了名。经过几轮筛选，共有36人取得了应聘资格，其中有包括他在内的5名中国留学生。可是名额只有一个，入围者都在暗暗叹息希望太渺茫了，甚至有人想退出。就在他正废寝忘食为最后一次竞聘考试做准备时，另外4名入围的中国留学生已经退出了竞聘，原来他们打听到这位教授曾在朝鲜战场上当过中国人民志愿军的俘虏，肯定会对中国人存有偏见而不予录取。听到这个消息，他也犹闻惊天霹雳，为了这次竞聘，他付出了很多宝贵的时间。身边的朋友劝他放弃这场注定失败的考试，还不如趁早去寻找别的机会。

在失望之中他逐渐冷静了下来，最后他做了一个决定，即使教授真的对中国人有偏见，我也应该用行动证明给他看，中国人也可以是优秀的。考试那天，他准时到场，又镇定自若地回答了教授的提问。最后，他竟然被录取了！他不敢相信这是真的，他找到教授询问原因。教授回答他说："是的，其实你在他们中并不是最好的，但你不像其他入围的中国学生，连试一下的勇气都没有。"

原来，勇气就是敢于行动，敢于相信自己，敢于冒险，敢于做判断，敢于在困难时一如既往。在未知的道路中，胆小鬼会乖乖地顺着前人指给的方向行走，而勇敢的人会用自己的眼睛、自己的双脚、自己的思考去寻找属于自己的路。勇气对于生命，绝不是伤害，更不是阻挡，相反，它是洗礼，是帮助，是给予。当暴风雨来临时，你可以躲在屋檐下等待雨停，但只有田野里接受了雨水洗刷的青草才会迸发更为明丽的生命绿色！

如果你并不认为自己是一个注定失败的人，如果你并不认为你的人生就此已经定型，如果你并不认为每个人都应该遵循着某种程式去生活，那么请勇敢地站出来吧！

心灵许愿瓶

你可以个性，可以锋芒毕露，可以走传奇的路，但前提是，你是否能在追梦的途中，毅然将这种勇气转化为力量，去消灭留在你心里的顾忌，去支撑你的"想象"，朝着"现实"出发。因为只有这样，你的个性、你的锋芒才不会流于毫无意义的"表现自己"。也只有这样，你的想象才能获得动力，开始超越自我之旅。而一个无所畏惧的人，也自然能勇往直前！

7. 执著是一种品质

请允许我策划一条更远的路，请允许我循着这个方向继续前行，请允许我不停止我的脚步，请允许我毫无理由地执著。

“骐骥一跃，不能十步；驽马十驾，功在不舍。”在这句名言里，最核心的四个字是“功在不舍”。“不舍”即代表着执著，代表着不管遇到什么阻碍，都坚持自己的目标；代表着不管你走的路多么孤寂，都会坚持走下去。事实上，世间大多数事都在于你是否能“执著”。这是世界上最容易的事，因为只要愿意，人人都能做到。但“执著”也是世界上最难做到的事，因为能真正坚持下来的终究只是少数人。

执著不仅仅是一种品质、一种成功的前提、一种坚持的美丽，更是一种人生的境界。

法国生物学家、化学家巴斯德有句名言：“告诉你使我达到目标的奥秘吧，我唯一的力量就是我的执著精神。”而在中国，也曾有类似的表述。王国维在《人间词话》中说，古今之成大事业、大学问者，必经过三重境界。第一境界：昨夜西风凋碧树，独上高楼，望尽天涯路。第二境界：衣带渐宽终不悔，为伊消得人憔悴。第三境界：众里寻她千百度，蓦然回首，那人却在灯火阑珊处。国学大师王国维精妙地以这三句词道破人生之路：起初的迷惘，继而的执著和最终的顿悟。其中，最让人唏嘘的就是“衣带渐宽终不悔，为伊消得人憔悴”了，因为成功之道无出其右也。

24 岁时，他还只是一名普通的动画师，他提议要花足时间将这部动画电影的质量做好，结果花了 3 年时间制作的影片因为票房成绩不佳只上映了10天就被迫撤下影院，他自己也遭到公司高层的责难。但他并没有因此放弃，他开始了用长达十几年甚至更长的时间来制作一部电影的计划。终于在他43岁时，他的动画电影《风之谷》，一举奠定了他在日本动画界的地位。以后，他又先后导演了《天空之城》、《龙猫》、《魔女宅急便》、《红猪》、《幽灵公主》、《千与千寻的神隐》、《哈尔的移动城堡》以及《悬崖上的金鱼姬》等影片，平均每3年制作一部动画电影。他这样形容自己的速度："大家在海里航行，都在使劲往前跑，有一只船在后面，这样其实也没什么不好。"

他就是宫崎骏，第一位将日本动画上升到人文高度的思想者，每一部作品都值得人们收藏。他执著于精品，执著于日本文化，执著于内心的纯粹，执著于鲜活的生命力，他的一生就是对电影动画的执著。

或许，并不是每一个人的梦想都能那么轰轰烈烈地完成，影响着全世界，然而，梦想没有大小之分，不管你的梦想是什么。即使是一个再平凡不过的人，即使是生长在再平凡不过的环境，即使梦想和最初的现实相差再大，只要你愿意执著于一个方向，就一定会有收获。

10多年前，湖南益阳的某个县镇，有一个14岁的小女孩，她在小镇上摆了一个摊卖茶，1毛钱一杯。因为她的茶杯比别人的大一号，所以卖得最快。那时，在所有人眼里，她只是一个普通的毫无前途可言的卖茶女，没有学历，卖茶也算不上什么骄傲的工作。3年之后，她把卖茶的摊子搬到了益阳市里，并且不再卖普通的茶，而改卖当地特有的"擂茶"。擂茶的制作工序比较复杂，正因此卖得起价钱，比在路边卖茶解渴生意要好得多，而她似乎成了一个比较忙碌的生意人，大家都觉得她是一个挺能吃苦的小女孩。再3年，她20岁，她还是在卖茶，但是她又变换了卖茶的地点，她将茶摊搬到了长沙，并且用前6年所积攒的积蓄盘了一个店面，店面里开始出售各地的茶叶，她也成了一个年轻的小老板。再4年过去了，她仍然在卖茶叶，但是她已经成为了拥有

37家茶庄的大老板，她的店遍布于长沙、西安、深圳、上海等地，而她的名字在茶界也小有名气，很多茶商只要提到她，无不竖起大拇指表示赞扬。6年之后，她30岁，她的茶庄已经开遍了世界各地。

倘若你问她：你的梦想是什么？她一定会笑着回答你："在本来习惯于喝咖啡的国度里，也有洋溢着茶叶清香的茶庄出现，那就是我开的……"

正因为这个梦想，十几年的时间，她始终都在茶叶中打滚。从14岁到30岁，从一个毫无茶叶知识的乡村小女孩到成为茶叶界的名人，在这个漫长的过程中，多少人的梦想折翼了，多少人的梦想被消磨殆尽，而她却一步步地接近了梦想。如果不是因为执著，在任何一个梦想的台阶上，她都可能止步。

如果你愿意，请学愚公吧，虽然最初会被人耻笑，会被人指责顽固，但最终会令智叟汗颜，会让眼前的阻碍自动退让！

心灵许愿瓶

巢中的雏鹰必须学会执著，否则只能坠崖而亡。林中的溪流必须学会执著，否则只能干枯而尽。土地里的新芽必须学会执著，否则只能溺死土中。人也一样，必须学会执著，否则梦想将永远只是空谈。作为自己人生的总导演，你更应该明白，执著是电影里打动人心的精神。

第二章　聚焦彩排中的每一个镜头

快掀开挡在前面的那一块布帘，在我的电影开拍之前，我的心将率先变成一个宽大的舞台，最适合我的情节将首先在这登台上演。它们再也不用经受那万千顾虑的阻挡，再也不用经受那万千阴影的笼罩，再也不用经受那万千莫名的退缩，再也不用经受那万千无绪的缠绕。从此，它们将被赋予最适合自己的语言，在一个个美丽的场景里冲出生命任何的羁绊，去展现一段又一段精彩的故事，讲述一段又一段只属于我的人生！

1. 掀开挡住视线的布帘

我的心渴望变成一个宽大的舞台，让我的梦率先在那里上演。可是，是什么挡住了我们的视线？这些厚厚的布帘子，真的是我们自己设置的吗？

因为什么？内向？卑怯？不管是什么原因，快掀开这些布帘子吧！我们不需要这道遮遮掩掩的帘子，不掀开这道布帘就无法真正走出去，不掀开这道帘子别人也无法看到真正的我们。

有一个大学生，从小孤僻，不喜欢和别的孩子玩儿，上了大学后，她更觉得那些来自五湖四海的同学都在有意排斥她，于是心里更充满了敌意，见到人就躲开，平常则喜欢躲在宿舍里，拉起厚厚的床帘，与外界隔绝。当宿舍里的同学都在聊天时，她便在布帘子里就着昏暗的灯光静静地做自己的事。时间久了，同学们根本不知道她是不是在宿舍，也不关心她。有时，宿舍里很热闹，而她就像一叶小舟，孤零零地在海洋上漂荡。一帘之隔，两个世界。直到有一天，在班里的一次宿舍聚会中，一个女孩来到了她的床前，掀开了那道帘子，将她带到同学的面前，大家才想起还有她。而她先是紧张、害怕、胆怯，而后慢慢地融入了集体中。

这个大学生，有着很多人都有的特征。无意将自己隔绝，可是却总是走不出自己的世界。在帘子内，我们是自如的，可是在帘子外，我们是穿上了“刺猬服”的人。这个女孩无疑是幸运的，因为有人帮她掀开了那道布帘，但更多的布帘却被我们设置在了更隐蔽的地方，而我们又怎么能总是那么幸运，能遇到一个愿意冒着被仇视的勇气掀开那道布帘的人呢？往往，也只有我们自己最清楚，那些布帘是什么时候挂上去的，是因为什么挂上去的。只要敢于正视这个问题，并且努力解决这个问题，相信眼前将会是另一片景色，而自己也会因为周围光线的改变而变得不同。

罗马尼亚女子跳高运动员巴拉斯出生于一个贫困的家庭，母亲患有精神分裂症，常常歇斯底里地吼，甚至动手打她。父亲患有小儿麻痹症，因为对人生不抱任何希望而酗酒。巴拉斯长到12岁时，邻居的一个跳高教练教她练习跳高。但是巴拉斯却呆呆地站在运动场上，她胆怯地问：“我真的能成为一名跳高运动员吗？”教练员问她：“为什么不能呢？”巴拉斯说：“您难道不知道，我的母亲是一个患有精神分裂症的人，我的父亲是残疾人，我的家境很糟糕……”教练再次反问她：“你说的我都知道，但是这些和你练习跳高又有什么关系呢?”

确实，她有一个发病的母亲，一个残疾父亲，她家境不好，她甚至没钱读书，但是这些和她练习跳高有什么关系呢？12岁的巴拉斯答不上来。我们也答不上来，那么，我们是不是和巴拉斯一样有着许多答不来的问题？我们是不是也常常因为这样或那样其实并非关键的问题而给自己贴标签？然后在自己贴的标签下去衡量自己的价值？最终，巴拉斯连续在140场比赛中保持不败的纪录，成为女子跳高史上创世界纪录和在比赛中获胜次数最多的运动员。而我们呢？我们到底能做什么？我们到底是一个怎样的人？我们为什么要将自己藏起来？我们为什么那么害怕外面？我们为什么要拒绝别人的好意？我们为什么将自己的世界封闭得那么严实？是什么阻挡了我们走出去的脚步？

如果我们能尝试着去重新认识自己，如果我们能重新为自己做一次评估，如果我们能放掉一切怯弱来与自己对视一次，或许我们会发现一个全新的自己。你会发现，其实你并不是那么害怕一样东西，你会发现其实你很在意的那一个缺陷别人根本不在意，你会发现你已经因为那道自己内心的障碍错过了太多美丽。掀开那些布帘吧，那不过是一个简单的动作。从帘子里走出来去外面看看，虽然冬天已经来临，可是依然有白色的雪花装扮世界，依然有太阳光温暖手脚。原来岁月已经悄然地过去了，在那个孤独的世界里，我们已经待了太长的时间。现在，从里面走出来的我们，可能不如别人漂亮，不如别人富有，不如别人睿智，但是我们独立、积极、自信、美好。如果别人看不到我们，那一定是他们的眼前有了障碍的布帘，而我们的眼前再也没有了阻挡的布帘，只有一个阳光下的自己。

掀开那道布帘，让我们的心变大，让它去容纳你所有的遭遇！让它变得明亮动人，不要再让狡猾的尘土侵占！让它变得通畅无比，不要再去绕着弯弯前进！

心灵许愿瓶

愿你能与每一道目光相遇，愿你能谈笑风生地和人说起从前，愿你能摆脱心里的种种缠绕，愿你能站在阳光最灿烂的地方，愿你能在花丛里轻盈一笑。

2. 在心里勾勒每一场的布局

拉开挡住舞台的布帘，丢掉一切的顾虑，我们是每一个场景的设计者、控制者，也是第一个观赏者、评论者。每一个场景都需要我们精心地设计布局，因为只有心中有丘壑的设计者，才能把握全局、判断准确。

北宋时有一个著名的画家，名叫文与可，他是当时画竹子的高手。文与可为了画好竹子，不管是春夏秋冬，也不管是晴空烈日还是刮风下雨，他都常年不断地在竹林子里头钻来钻去。即使是三伏天气，文与可照样跑到竹林子对着太阳的那一面，站在阳光底下全神贯注地观察竹子的变化。他琢磨竹枝的长短粗细，叶子的形态、颜色，每当有新的感受就回到书房，铺纸研墨，把心中的印象画在纸上。

由于文与可长年累月地对竹子作了细微的观察和研究，竹子在春夏秋冬四季的形状有什么变化，在阴晴雨雪天竹子的颜色、姿势又有什么两样，在强烈的阳光照耀下和在明净的月光映照下的竹子又有什么不同，不同品种的竹子又有哪些不同的样子，他都摸得一清二楚。所以画起竹子来，文与可根本用不着画草图。有位青年想学画竹，得知诗人晁补之对文与可的画很有研究，就前往求教。晁补之写了一首诗送给他，其中有两句："与可画竹，胸中有成竹。"这便是成语"胸有成竹"的由来。

竹子初生时，只是一寸高的小芽，但节、叶都已经具备了，并且当竹子挺出很高时，各种形态都是天生就有的，所以，凡是画竹画得好的人，一定要心里先有完整的竹子形象，提笔依照心里竹子的形象一气呵成，稍一迟疑机会就失去了。而我们在心里设计每一场布局，就像画竹子先在心里想出成熟的竹子形象一般，是非常重要的一步。要完成每一件我们想要完成的事，都必须经过这样的布局规划。

有一个20岁的青年，主修计算机专业，但是他非常喜欢音乐，只要有一分钟的闲暇时间，他都会把精力放在自己的音乐创作上。有一天，他遇到了人生中一个重要的人物——他的搭档。在和他合作前，他的搭档问他："想象一下，你5年后在做什么？"

青年想了想，回答说："第一，5年后，我希望能有一张自己的唱片在市场上发行，而这张唱片很受欢迎。第二，我要住在一个音乐气氛浓厚的地方，每天能够与世界上一流的乐师一起工作。"

他的搭档说："好，那我们就把这个目标倒算回来。如果第5年，你有一张唱片在市场上发行，那么你在第4年一定是要跟一家唱片公司签约。在第3年一定要有一部完整的作品出来可以拿给许多唱片公司听。在第二年一定要有很棒的作品开始录音了。第一年一定要把准备录音的所有作品全部编曲。第6个月一定要把那些没有完成的作品修饰好。第一个月就要把你手里的曲子完成。第一个星期就要先列出一个完整的清单，排出哪些曲子需要完成。你说5年后要生活在一个音乐气氛浓厚的地方，与许多一流乐师一起工作，那么你在第4年就应该有一个自己的工作室或录音室。在第3年，你可能会先跟这个圈子里的人一起工作。在第二年，你应该搬到音乐氛围浓厚的地方去住，这样才可能认识他们。”

青年听完，顿时茅塞顿开。他搬离了自己习惯居住的城市，将重心从计算机专业上转移到自己喜欢的音乐上，并且照着他的搭档所规划的那样去努力。大约是在第6年，他每天都忙碌着和一些音乐高手一起工作，他的唱片也开始在亚洲畅销。

如果没有搭档的出现，青年将和从前一样，虽然努力，但是却无法在这么短的时间内取得自己想要的结果。这个“目标倒算法”正是将我们的目标倒着一步步细化，最终将选择的权利交到我们自己面前。西格蒙德·弗洛伊德曾经这样说过：“人生就像弈棋，一步失误，全盘皆输，这是令人悲哀的事；而且人生还不如弈棋，不可能再来一局，也不可能悔棋。”我们不仅要清楚自己现在所处的位置，更重要的是选择下一步所要迈出的方向。

没有规划的人生，就好比漫无目的的航行，因为没有精心的准备，所以航行起来似乎总是力不从心，没有了胸有成竹的从容。一个善于规划的人，不会盲目地行走，也不会一直走弯路，更不会迷失方向。你会发现，有规划的人生会更像一张具有很多挑战点的地图。你循着之前设计好的路线，拟定一个又一个策略，通过一个又一个关卡，到达一个又一个目的地，当你完成每一个小目标时，将体验到每一次超越的快乐，最终将收获你想要的生活。

心灵许愿瓶

人生好比下棋，都有游戏规则，都讲究谋略。过程同样的千回百转，有赢家，也有输家；有得意人，也有失意者……但最大的相似之处在于：每一步棋都是一次选择，而人生也如此。只有从全盘着手，精心走好每一步，才能成为最后的赢家。

3. 我不害怕特写

总有一天，你会成为众人的焦点。总有一天，你会面对这样一个选择：你是要做镜头中原原本本的自己，还是做一个经过了无数次“PS”后的自己？是的，经过了修饰，你会看起来更迷人，更富有魅力。但是，也很有可能，你成为了成千上万个“美丽”中的一个。上天给了我们独一无二的样貌和性情是为了区别于他人，我们都应该珍惜这种“区别”，珍惜这种独特。

爱默生在他的散文里这样写道：“在每一个人的教育过程中，他一定会在某一时期发现，羡慕就是无知，模仿就是自杀。不论好坏，你必须保持本色。虽然广大的宇宙之间充满了好的东西，可是除非他耕作那一块给他耕作的土地，否则他绝得不到好的收成。他所有的能力是自然界的一种新能力，除了他之外，没有人知道他能做出些什么，他能知道些什么，而这都是他必须去尝试求取的。”

正如爱默生所说的那样，羡慕就是无知，模仿就是自杀。世界上的每个人都是无可替代的，有自己的性格，自己的人生观，自己的本色。屈子行吟愤世皆浊，诸葛忠烈鞠躬尽瘁，太白张狂放荡不羁，放翁示儿心怀天下，都是大放光彩的本色！

面对复杂的环境，有的人容易迷失自己，但有人却坚守自己的想法。在人生的岔路口，究竟是追求大同还是保持本色？

世界顶级名模辛迪·克劳馥，被媒体称为“最有性格的一位典型美国美人”。16 岁那年，她正在高一读书，有同学告诉了她一家模特儿经纪公司正在招聘模特儿。这个消息让她非常兴奋，她立即赶到那里。然而她在这家经纪公司遭遇的却是打击：“你最好去掉嘴边的痣。”原来，辛迪·克劳馥虽然长得清秀，然而她的嘴角边上有一粒非常扎眼的黑痣。她无法接受经纪公司的拒绝：“为什么?”“虽然你的身材相当好，可是大众欣赏的是无瑕的美女，你的这颗痣……”

她不甘心，又去了第二家模特儿公司、第三家模特儿公司，可是得到的是同样的回答：“把那颗痣点掉!”“把那颗痣点掉!”尽管一次次被拒绝，她却不以为然。

5 年之后，她为著名的化妆品公司拍广告，担任专任模特儿，全球 400 家杂志封面出现过她的靓照，她征服了整个美国乃至世界。

这是一个多么个性的女孩！如果换作其他女孩，那颗“黑痣”一定会被点掉，因为它挡住了女孩迈进梦想殿堂的门。然而，个性的辛迪·克劳馥一意孤行，她坚持认为自己的痣并不影响美丽，更不会因为别人的评论而改变自己，于是那颗痣被保留了，而后来出现在杂志封面的辛迪·克劳馥，嘴角的黑痣俨然已经成了她的魅力象征。而当时那些拒绝辛迪·克劳馥的经纪公司，恐怕早在捶胸顿足了。对于辛迪·克劳馥而言，倘若 17 岁时点掉了黑痣，恐怕很快她就会像大多数模特儿一样，埋没在毫无特征的美丽之中。

在美国音乐界，金·奥特雷这个名字几乎无人不知，他有着独特的音色与演唱风格，让人对他的演唱如痴如醉。但是如同大多数人一样，在成功之前他也走过一段弯路。

刚到纽约发展时，金·奥特雷有着深深的困扰和自卑。因为他出生于美国德克萨斯州的乡下，满口都是家乡话，在纽约的氛围中很别扭。他决心改掉难听又土气的乡音，像个城里的绅士那样说话。从此，他便自称为纽约人，与人交流时也会小心翼翼地讲话。但是尽管他处处精心模仿，人们还是觉得别扭，并且觉得他矫揉造作，还在私下里耻笑他是个“伪君子”。

金·奥特雷听到了大家对自己的评价后，一时陷入了极度的迷茫和痛苦中，他不知道自己应该怎么努力才能做得更好。想了许久之后，他决定做回原来的自己——如果小心翼翼是令人讨厌的行为，那么就恢复本真吧，哪怕人们会因此笑话自己的土气。但是连金·奥特雷自己也没想到，当他用自己原有的家乡音色演唱属于家乡的老歌时，听众们竟然着迷了。最终，他成为了世界上在电影和广播两方面皆颇负盛名的西部歌星之一，也开始了他那了不起的演艺生涯。

你可能并不满意自己的外表，不满意自己的身材，不满意自己的声音，也清楚地知道自己性情中的某些缺陷。首先，这是一件值得高兴的事情，因为能知道这一点，便会有意识地改进。这意味着你会越来越好，毋庸置疑。其次，你需要明白，一切不符合传统的审美的外在，都将是一种个性。相比牡丹的雍容华贵，月季的淡雅清香更有一番滋味。相比晴空万里的安详，暴风骤雨别有一种情调！人生只有短短的几十年，为何不让自己更快乐一些、更鲜明一些呢？能为自己而活比任何事情都重要。

心灵许愿瓶

是的，特写！我愿意这样展现最真实的自己！愿意让自己原原本本地暴露在镜头中，不管我是什么样的，不管你们要说什么！我或许渺小但不卑微，我沉默但不自惭，在自己的镜头里，我永远心若磐石，本色如初！

4. 不是每一个镜头都那么重要

为了那无数个镜头，你一定在心里排演了一场又一场，力求做到每一个动作、每一句话都完美，累吗？

有一句诗是这样写的："把自己当泥土吧，总是把自己当珍珠，就时时有被埋没的痛苦。"别总是将自己摆在一个自以为是的显要位置，你不用总是光芒万丈，世界的转动也不会因为你稍有的迟疑而顿足。其实注视我们的不是别人，只有我们自己。是我们自己在心中安置了监控器，将自己监控起来，却误把别人当成了监控者。我们都应该尝试关闭心中这根本不必存在的监控，轻松去生活！

蔡志忠的漫画书《庄子说》里面有个故事：有一只蚊子飞到一头牛的牛角上就停住了，它在牛角上待了很长一段时间，然后蚊子对牛喊道："喂！我要走了！"牛没有理会它。又过了一会儿，蚊子又对牛喊道："喂，我真的要走了！"牛还是没有理睬它。最后蚊子很生气地对牛嚷嚷道："我都说要走了，你为什么不理我啊？"牛漫不经心地说："你来的时候，我没有注意到；你要走了，又与我有什么相干呢？"

事实上，很多时候我们都会变成那一只蚊子的角色。我们被很多问题困扰，在乎很多人的看法，在乎很多人的眼光，却不知究竟你周围的人是不是根本毫没在意？对方早已忘记了你的事情，你却常常记着，尤其是一些批评的话。你做了一件令人尴尬的事情，一直耿耿于怀，心情糟糕，可没有人记得你的尴尬，这多么可笑？

在俄国作家契诃夫的笔下，有这样一个故事：

一个美好的晚上，一位心情美好的小公务员去看戏。在剧院里小公务打了一个喷嚏，不慎将唾沫溅到了坐在前排的将军级文官身上，小公务员唯恐大官员会将自己的不慎视为自己的冒犯而一而再再而三地道歉。尽管大官员说了不用在意，可是小公务员仍然觉得有失妥当，并且认为大官员一定是生气极了。

于是第二天，那位小公务员又来到将军接待室，请求道歉。那位大官员已经完全不记得昨晚的事了，最后大官员被小公务员弄得从哭笑不得到不耐烦了。

小公务员更加惶恐了。第三天，他又跑去跟这个大官员解释，导致大官员真的大发雷霆了。而那个执意想表明自己是无心之过的小公务员，因为遭遇了大官员的呵斥而一命呜呼了。

一个人死于自己的“喷嚏”？这看似荒谬，却有着深刻的意义。如果故事中的小公务员能明白，其实这不过是小事一桩，而那个大官人在忙碌之中根本没有在意这件事，他也不必战战兢兢惶恐至死。现实中的我们看起来不会像小公务员那样糊涂，可却多多少少有点小公务员的影子。

要知道，世界上的人真的很忙，每个人都有自己的事情要做，每个人都有自己要管理的一个小宇宙，无论我们是出彩还是出丑了，并不会有多少人会花时间把注意力完全集中到我们身上。所以，你被冷落了，这是正常的，并不是你不够优秀！你的事情被忘记了，这是正常的，并不是你不够重要，因为你不是别人宇宙的中心！

让我们尝试着将自己的心去变大吧，让它超越你的那个小宇宙，将我们生活的场景从周围放大到宇宙。地球、太阳、银河系在那里都小如尘埃，而你遇到的那点儿小麻烦，你需要迈过去的那一道小坎，所有惹你不痛快的事情，那个你很厌恶的对手，你的那些不如意，都变得微不足道，恐怕即使用高倍显微镜也未必找得到。相比你的人生，现在经历的也不过只是一段历程。正如居里夫人说的：当遇到一件不痛快的事情时，你必须告诉自己，世界上最大的阴影是什么？是地球的影子——黑夜！这样想着，我们个人的那些阴影将会变得微小许多。

是的，其实并不是每一个你的镜头都需要那么完美无瑕，有点瑕疵又何妨？“穿这种衣服该怎么入场呢”、“这双鞋与衣裤不搭配啊”，但是要知道，这种担心根本就是多余的。当你的担忧别人根本不会在意时，你又何须去理会它呢？因此想哭就去哭吧，想大笑就去大笑吧，即使它们不符合逻辑又有什么关系？即使它们有失平日里你的形象又怎样？不用再花时间琢磨会给别人留下什么样的印象了，我们一直觉得别人在注视着自己，其实注视我们的不是别人，只有我们自己而已。我们都应该闭上这双毫无必要存在的眼睛，轻松去生活！

心灵许愿瓶

“其实真的没有想象中那么重要”，你必须告诉自己并牢记这点。每个人都有自己的小宇宙，他人不会因为你的喜怒哀乐而偏离运行轨迹，而你作为自己的磁力中心也不必为别人偏离轨道。真正关注我们的人一定是关心爱护我们的人，他们有的只是包容、支持和理解！这样思考着，你会更轻松地去导演你的人生！

5. 精彩的抓拍经不起太多的设计

你想要这样拍，想要那样拍，但是……每一个“但是”后面都跟着很多的顾虑，每一种顾虑看起来都那么合情合理。可是每一次顾虑也会让我们丧失最佳的时机而错过很多珍贵的镜头。倘若每一个镜头都必须经过仔细推敲，每一个镜头都要斟酌良久，那么我们将丧失很多富有灵气的画面。

就让我们有时不要那么理智吧！不要再去错过那一分一秒的精彩瞬间！

生活中，我们常常都听到这样的心声："我希望朋友多一些，但是我不想走出门去"、"我不愿意总和他们出去 K 歌，但是我不想表现小心眼儿的样子"、"我喜欢服装设计这方面的工作，但是我没有相关的工作经验"、"我们想结婚，可是害怕以后生活得不幸福"……我们之中有多少人有过这样的困扰？

"我必须这样，我希望那样，但是……"这好比我们希望在杂乱堆放的屋子中整理出一块整洁的空间，这些"但是"就是一个个沉重的箱子。如果我们舍不得挪动、舍不得扔掉，舍不得击碎，那么屋子的面积——我们的心实在有限，最终我们只能在脏乱的有限空间里艰难移动。

球王贝利是举世闻名的足球明星，但是当年他得知自己入选巴西最有名气的桑托斯足球队时，却发愁得一夜未眠。那天，他躺在床上，翻来覆去地想着："球队里的那些著名球星们会不会看不起我？万一我在球场上发生什么令人难堪的情形，我怎么有脸回来见家人和朋友？"他甚至还胡思乱想起来："那些球星就算愿意跟我踢球，其实也只是想用我的笨拙和愚钝来衬托他们绝妙的球技而已。如果他们真的在球场上把我当笨蛋似的戏弄我，我该怎么办？"

一种前所未有的不自信和恐惧使贝利整夜未眠，那时他明明已经是球队里的佼佼者，却依然充满忧虑和自卑。他回忆自己刚进球队的情形：开始练球时，我都吓得快要瘫痪了。本来，他以为刚进球队，教练应该只会让他做一些盘球、传球等基本练习，再者就是准备当板凳队员。但是没想到第一场球赛，教练就让他上场踢主力中锋。当时贝利紧张得回不过神来，双脚就像已经不受自己控制似的，每当球滚到他身边，他都觉得是别人的拳头要朝他攻击一样。几乎是被硬逼着上场的贝利，不顾一切地在场上奔跑之后，才开始慢慢地投入，每一个接球、盘球和传球才变得自然和畅快起来。等到比赛快要结束时，他几乎已经忘了自己是桑托斯球员，以为仍在故乡的球场上练球一样。而那些让他充满畏惧的足球明星们，没有一个轻视他的，反而对他很友善。这时贝利才知道，自己先前的种种顾虑让自己受了那么多精神煎熬，是多么的不必要。

尼采在《查拉图斯特拉如是说》里写过这样一段话："假如有个恶魔在某日或某夜闯入你孤独的寂寞中，且对你说：人生便是你目前所过或往昔所过的生活，将来仍将不断重演，绝无任何新鲜之处。每一样痛苦、欢乐、念头、叹息，以及生活中许多大大小小无法言传的事情皆会再度重现，而所有的结局也都一样——同样的月夜、枯树和蜘蛛，同样的这个时刻以及我。那存在的永恒沙漏将不断地反复转动，而你在沙漏的眼中只不过是一粒灰尘罢了！"

文中这个恶魔就是我们内心的顾虑，如果我们无法阻止它在我们内心的活动，我们将重复同样的生活直到永远。这样的假设多么可怕，多么令人震惊！它推动我们不由地反思自己正在经历的生活。我们是不是在担忧如果我们这样或那样做了，是不是就无法与社会设定的成功典范保持一致？这种担忧真的足以摧毁我们的生活吗？

有一个男人，每次参加派对，他都要提醒自己：要轻松一点、随便一点。可越是这样想，他心里的顾虑就越多。很快他就发现自己变成了一个思想者。他沉思，并且无法轻松下来。思考对于他来说越来越重要，直到最后，从白天到晚上、每时每刻他都在思考。

上班的时候他也在思考。虽然他知道，思考与工作并没有丝毫的联系，可他就是无法停止下来。在家里，情况也好不到哪儿去，他常常关上电视，突然神情严肃地问妻子："生活的意义是什么？"

于是，他便得了一个绰号：深邃的思想者。因此他失掉了自己的工作，也失掉了自己的婚姻。

这个被称为"深邃的思想者"的男人，其实得的是思考病，更确切地说，是让重重顾虑蒙蔽了自己的心，做每一件事情都必须问自己意义在哪儿，为什么要这么做，这样做是对还是错？这样的人，又怎么能正常生活呢？

是的，很多时候，我们无法全然了解为什么会这样，但是，倘若每一个念头都要追根究底，恐怕我们也早就被纷乱的思绪累得喘不过气来，更不用说能有什么精彩的抓拍了。何必去为难自己呢？生命原本就是充满神秘、充满偶然的，捕捉到偶然的美丽，紧紧抓住难得的机遇，才是值得努力的事情，流星的美丽恰恰就在于它们只有一瞬的光彩！而藏于我们心里的那些顾虑，只会抹杀美丽的激情。

一所修道院的修士，在晚年回顾自己一生时写下了这样一段话：

"要是我的一生能重新再活一遍，我一定会尝试多犯一些错。

我会放松一些，柔软一些，比此生更傻一些。

我不再把事情看得那么严重。

我会多去旅行，更疯狂一点。

我会爬更多的山，在更多河流游泳，欣赏更多的夕阳。

我会多散步，多东瞧西看。

我要多吃冰淇淋，多吃豆子。

我要多一些真实的困难，少一些想象的难处。

……我会努力活在每一个可贵的时刻，好好享受当下，而非每天想着多年以后的事而忽略了现在。

要是我可以重新再活一次，我会在春天一来就赤着脚，直到秋去冬来。

我会多逃学，多逃课。我的成绩不要太好，除非意外状况。

我要常去坐旋转木马。

我要摘更多的雏菊，多闻闻野花的香气。”

为了这一份晚年的回顾，我们还要顾虑是不是会犯下什么错误吗？我们还要顾虑这样是不是显得太傻吗？还要顾虑我们是不是太疯狂了吗？还要顾虑我们是不是没有遵循某种方式吗？还要顾虑我们是不是会失掉什么吗？还要顾虑我们是不是花了太多时间在无用的事情上吗？

生命原来早就告诉了我们一个最重要的启示：最后的期限在一步步靠近，去做你想要做的任何事情吧！否则，我们真的将掉进尼采所说的那个可以预见的悲剧里，并且再也没有机会爬起来重新来过！

心灵许愿瓶

愿我们能学会去体验抓拍生命的精彩，别让人生在昏天暗地的紧张忙碌中失焦变色。如果我们不放掉心里的那个恶魔，我们也将在晚年时写下一大串的遗憾。为什么不让自己少一些顾虑，多一些随性而为呢？为什么不好好珍惜这样的机会呢？趁此年华我们还能疯狂，趁此年华我们还能去演绎精彩，再也不要犹豫！

6. 纵有N多过去，我只要把握现在

回到舞台，即使这不过是一场彩排！不要再缩在一角，为了过去的经历而伤神。泰戈尔写过：“当错过太阳时你哭泣了，那么你也将错过耀眼的星辰。”不管昨天我们错过了什么，一定记得还有更精彩的在等待我们，而现在，我们要做的就是擦干眼泪，沉淀心情，为明天而拼搏。

有这样10个人，很长时间内他们分别做过这些事：店员、学徒；长工、放牛娃；木工；学徒、童工、厨工、面包工、码头苦力、铁路职员；报童；饭店小工、司炉徒工、电器匠助手、骑兵；印刷厂学徒工、排字工、领航员、矿工；报童、罐头厂工人、水手；洗衣工、黄麻厂工人、淘金者；学徒、剧院杂工；海军士兵、海盗的奴隶。

第一个人是华罗庚，在国际上享有盛誉的数学大师，他当过清华大学数学系主任，曾前往英国剑桥大学学习，曾被美国伊利诺依大学聘为终身教授，曾被授予法国南锡大学、香港中文大学与美国伊利诺伊大学荣誉博士。但在这数不清的名誉之前，他首先只是一个初中毕业生，因为交不起学费而退学。此后，他顽强自学，用5年时间学完了高中和大学低年级的全部数学课程。20岁时以一篇论文轰动数学界，才被清华大学请去工作。

第二个人是高玉宝，著名作家，写了总计200多万字的几部长篇小说。他的作品在国内有7种民族文字出版发行，在国外有12个国家和地区用15种文字翻译出版。但是在这之前，他只是个上过一个月小学的放牛娃，9岁当童工，15岁做劳工，17岁学木匠。

第三个人是齐白石，著名画家和书法篆刻家。但是在这之前，他跟

随叔祖父学当木匠，每天砍柴、放牛，常常都是摸黑睡觉。但他在学木工的同时，自学民间画，习古人真迹，学诗文书法。

第四个人是高尔基，他一生创作了大量各种体裁的作品，为无产阶级文学宝库留下了一笔巨大的财富。但是在这之前，由于父母早亡，他10岁时便出外谋生，到处流浪。他当过鞋店学徒，在轮船上洗过碗碟，在码头上搬过货物，给富农扛过活。他还干过铁路工人、面包工人、看门人、园丁……在饥寒交迫的生活中，高尔基通过顽强自学，掌握了欧洲古典文学、哲学和自然科学等方面的知识。

第五个人是爱迪生，他一生共有约2000项创造发明，为人类的文明和进步作出了巨大的贡献。但是在成为最伟大的发明家之前，他上小学3个月就退学了，而且是个有听力障碍的孩子，他找不到工作，常常忍受失业的痛苦，生活贫困。

第六个人是奥斯特洛夫斯基，第七个人是马克·吐温，第八个人是杰克·伦敦，第九个人是安徒生，第十个人是塞万提斯。如果你愿意听，他们每个人的故事都可以写成一本厚厚的书。可是，更多的人只看到了他们享誉世界的名誉，却不知道他们过去的故事。也许，有一天你就会成为这样的人中的第十一个、第十二个……但是如果你只停留在“过去”，放掉最关键的“现在”，就永远无法有“将来”。

古希腊哲人说，人是有思想的动物。因此，面对时空轮回，对过去、现在与将来的辩证看法也众说纷纭。有人说过去是年龄的胎记，谁也无法更改，不管你飘零何处，过去都会粘住你的灵魂。有人说将来才是生命的希望，它将裹住你的心灵直直地往前奔。可是，他们都忽视了现在。如果没有现在做连接，过去将毫无意义，将来再辉煌也是徒然的空景。只有现在才可以将过去打造成现在的路，通往将来的大殿。

过去就像一位躺在睡椅里的老人，讲的都是沧桑岁月，只给人多添了感慨。将来又如同一位还没长大的少年，有着无尽的想象力，却无法把握。只有现在，才是踌躇满志的年轻人，只要通过自己的头脑和双手，便可以紧紧把握人生。

鲁迅笔下的阿 Q 始终用“先前我比你们阔多了”来麻痹自己，最终在现实的悲哀中走向了永远毁灭。高尔基因为没有沉沦于已有的不幸，牢牢把握住了现在，积攒了现在的分分秒秒去努力，才给人类留下了丰富的精神财富。

坐在人生这条船上，你是会陶醉于过去沿岸的风景中，还是会正视眼前花儿的绽放？你是能沉迷于遥远的歌声中，还是会倾听脚边的浪声？你是躲在船舱里回味过去的黄昏，还是勇于坐在船头迎接明日的清晨？愿我们都能拉紧绳索，去挑战脚边的惊涛骇浪，去迎接明天新的黎明！

心灵许愿瓶

走了一程又一程，有时我们逆风而行，有时我们顺风而往。每当回首过去，我们是沮丧还是骄傲？每当回首过去，我们是看到了坎坷还是看到了征服？生命何其短暂——因此古人才会有“失之东隅，收之桑榆”之说，才有“逝者如斯夫”的感慨！智慧的人，在时间的流水中总会选择今天，才有了从容的步伐！

7. 找到最适合的情节

你最适合怎样的情节？鲜艳的花朵只有扎根于合适的土壤里，才能绽放出独特的美丽。人只有找到适合自己的情节，才能获得幸福。关键在于，你有没有认清属于自己的特质？你有没有意识到哪里才是适合你的乐园？不论我们把自己带到哪里，让自己去经历什么样的生活，请记得，永远去寻找最适合自己的，而不是在别人看来最好的。

池塘里的青蛙从小听说了很多关于大海的故事，汹涌的波涛，白色的浪花，辉煌的日出日落，都是它从没见过的，于是，它十分向往大海。有一天，一只大鳖说："我带你去吧，那儿确实比这里好很多很多倍呢。"于是青蛙第一次真正见到了一望无际的大海。它急不可待地扑进大海的怀抱，却不想被一个海浪打回了海滩，摔得晕头转向。大鳖见状，便叫青蛙趴在自己的背上，背着它向深海里游去。青蛙在大鳖的帮助下逐渐适应了大海，但过了一阵儿，青蛙感觉自己又渴又饿，但它喝不下咸苦的海水，也找不到一只可以吃的虫子。它开始怀念池塘，于是它对大鳖说："大海的确很好，但以我的条件不能适应海里的生活。我还是要回到我的池塘里去，那里才是最适合我的地方。"

这是一只聪明的青蛙，因为我们都知道大海里有各种形态的生物，海洋生物的生活状况比起池塘不见得会舒适很多。同样地面临生命危险，同样地面临激烈的竞争，还会受到来自海洋本身的伤害。相比生活在池塘里的青蛙，它们不过是生活的空间大一些。而青蛙起初不明白这个道理，但它去过了大海，很快明白了大海并不适合自己，并最终决定回到适合自己的池塘。

我们的人生要走一条怎样的路？这原本是一个很难有重复答案的问题，可是在现实里，答案却常常相同。很多人就像那一只渴望大海的青蛙，渴望更大的生活空间，渴望自己想象的风景，却从来不怀疑自己的条件是不是适合。别人走的路固然很美，可我们看到的不过是别人千万分之几的生活。关键在于，你和别人有什么不同？你自己最主要的特质又是什么？

每个人都在上演自己的情节，可是大多数人是看着别人很美的情节，于是自己演了同样的。你可以有自己与众不同的选择、与众不同的生活方式、与众不同的价值观，这原本就是你生活着的最基本的权利。要知道，适合他人的不一定适合自己，适合自己的也不一定适合他人。

有一个女孩嫁给了著名的经济学家与未来学者。女孩专心扮演传统妻子的角色，不过她的自尊却因此受到很大的考验。在聚会时，所有的宾客都围绕着她的丈夫打转，而把女孩当作一名毫不重要的家庭主妇。偶尔有人来找她，也只是询问关于她丈夫的事情而已。女孩崩溃了，她开始自责自己为什么从前没有好好读经济学，为什么没有也成为一个学者，这样也许他们夫妻会更合适，自己也不至于这样尴尬。

于是，她找了很多经济学的书来读，甚至向她的丈夫请教，可是她发现自己不管怎么努力，也读不懂其中的内容，一知半解反而弄得自己很尴尬。直到有一天，一个宾客对她做的饼干赞不绝口，并要向她讨教饼干的做法，女孩才突然醒悟。她记起了结婚前拿那些食谱做的小实验，多加点奶油，少加点面粉，多放一点巧克力，就可以做出不同种类的巧克力饼干。于是，她决定开一家自己的饼干小店。尽管周围的人都觉得这完全没必要，可是女孩觉得，开一家自己的店做巧克力饼干，才是最适合自己的生活，于是经过一番策划和努力，她的小店终于开张了。

如今，她仍是饼干的头号爱好者，她的商店已经超过600家，盈利以数百万计。更重要的是，在聚会上，宾客们都喜欢待在她周围分享她的胜利哲学。

古人云：志当存高远。我们或许也和这个女孩一样，看着周围的朋友、亲人光芒夺目的一刻，而自己平平淡淡，会有些许的失落和自责，为什么自己当初没有像他们一样努力？与其自责不如反过来想想，这么多年我们做了什么？为什么自己会这么选择？如果你能找到这两个问题的答案，我们就完全不必自责了。我们可能无法总是在自己做的选择上出类拔萃，无法成为一颗夺目的明珠，只是如果那道光环根本不适合自己，它就只是装饰品罢了，我们的人生难道只是为了追求一种装饰吗？

美丽的蒲公英，打开降落伞在风中寻找自己的目标，它们有的选择了美丽的大海，因为那里广阔；有的选择了广袤的沙漠，因为那里有异域之美；还有的一头扎进黑漆漆的土里，它们被嘲笑了。但是第二年，春风吹起的时候，只有将家安在土中的种子，才在阳光下露出美丽的笑脸。你要做哪一种蒲公英种子？

心灵许愿瓶

愿我们都能将所有的目光放在自己的人生上，能发掘自己一路走来的风景，能找到开启自己特质的那把钥匙，能拥有自己独一无二的人生经历。

篇二:准备篇

——着眼当下需求,借助剧目背后的完美东风

第一章　别错过任何有用的道具

道具，是电影里不可缺少的部分，又是使用最频繁的部分。而我们人生的道具又在哪儿呢？迈开你的双脚，去寻找最适合你的那一件服装、那一把椅子、那一盏闪灯光、那一个镜头。哪怕这样的机会不常有，哪怕每一次寻找都将付出沉重的代价。摊开你的双手去领受这些馈赠，即使它们有时会如同冰雪刺痛你的皮肤，沾湿你的衣裳，但也只有这样才无愧于上天对于我们的恩赐。

1. 精准的抓拍，两三秒间都是机遇

我们经常说“谋事在人，成事在天”，这里的“天”便是机遇。创造和规划自己的人生，更加要明白“天”的重要性。机遇女神总是喜欢蒙着面纱出现，以至于每次到达身边还不被人知。有时她甚至已经挽上了你的手臂，又被你推开了，因为她总是不会以你心中的样子出现。所以把握机遇，就在一念之间，只有学会判断，你才能得到女神的垂青。

有一个旅行者来到了西部沙漠中，当地人告诉他沙漠中有一种植物叫苦艾草，它能在高达五六十度的气温下存活。旅行者提出自己的疑

问：沙漠中几个月，甚至半年都不会下一次雨，没有水，植物靠什么生存呢？当地人告诉他，苦艾草从叶子到根，都是天下存水最好的植物，它的全身都似海绵状，存水的本领达到了极致。不要说半年下一次雨，就是一年下一次雨，它也足可以抓住机会让生命灿烂起来。

旅行者半信半疑，毕竟他从来没亲眼见过。在告别沙漠的时候，有人给他一些苦艾草的种子。旅行者没有在意，把它放在信封里装进提包。谁也没想到，在上飞机时，有人一不小心将饮料洒在了旅行者的提包上，旅行者也并没有在意，但当他回到家打开提包时便惊呆了！信封里的苦艾草种子竟然已经长出了一层细芽儿，它们成活了！

苦艾草的生命顽强至此，对生存的机遇把握极致到这种地步，足以让人赞叹！只要给它一次机会，它一定就能存活。但这是什么机会呢？仅仅是不小心洒上的饮料湿了一下提包，或许仅仅润湿了里面的信封袋，又马上被风干，然而苦艾草连这样的机会也没有放过！它早已将自己训练得机敏无比，真的，只要给它一次机会，只要有一次机会，它就会克服一切的艰辛和困境，让自己生出生命之叶！同样身为自然界的一员，相比之下，我们却常常对机遇视而不见，也早已习惯了过自己因循守旧的生活，毫不在意那些珍贵的“两三秒钟”。

有个人很幸运地碰到一个神仙，这个神仙告诉他，有大事要发生在他身上了，他将会有机会成为一个富有并享受卓越地位的人，而且还会娶到一个漂亮的妻子，拥有一个幸福的家庭。从此之后，这个人便终身等待，可是直到他孤单地死去，什么事也没发生，他一生穷困潦倒，单身，更提不上什么显赫的地位。他死后又看见了那个神仙，便对神仙说：“你骗了我，我相信了你的话，等了一辈子却什么也没有。”

神仙回答他：“我承诺过要给你机会得到财富、受人尊重的社会地位和一个漂亮的妻子，可是你让这些机会从你身边溜走了。”这个人迷惑了。神仙继续说：“你记得你曾经有一次想到一个好点子，可是你没有行动，因为你怕失败而不敢去尝试，对吗？”这个人点点头。神仙继续说：“因为你没有去行动，这个点子几年以后被另外一个人想到了，那个人毫不犹豫地去做了，他后来变成了全国最有钱的人。”

这个人若有所思。神仙又开口了：“你应该还记得，有一次发生了大地震，城里大半的房子都毁了，好几百人被困在倒塌的房子里。你有机会去帮忙拯救那些存活的人，可是你怕小偷会趁你不在家的时候，到你家里去偷东西，于是只是守着自己的房子而忽视了那些被困的人，对吗？”这个人不好意思地点点头。神仙说：“那是你去拯救几百个人的好机会，而那个机会可以使你在城里得到多大的尊崇啊！”

“还有，”神仙继续说，“你记不记得有一个女子，你曾经非常强烈地喜欢她，可是她已经有了意中人，你想她不可能会放弃意中人而喜欢你，更不可能会跟你结婚，你因为害怕被拒绝，就没有去表白，后来她嫁给了别人，对吗？”这个人又点点头，这次他流下了眼泪。他终于明白，原来一切都曾经来到过他的身边，他也原本可以拥有很多快乐，但是他都没有把握住。

如果，这个人能勇敢一点，他就会动手将那个点子付诸行动；如果他能不那么自私，他就能放弃自己的顾虑去救地震中被困的人；如果他能自信一点，他就能拥有自己最爱的妻子；如果他能主动一点，他就能拥有这原本可以属于他的一切，可是现在都在他这样或那样的“否决”中化为了泡影。

在生活中，我们又何尝不是这样常常“否决”自己呢？想要投资开一间自己喜欢的店，却因为害怕失败而止于计划书上，于是那个原本你选好的地址有了别人开的店。想要告诉别人自己的想法，却因为害怕得不到认同而沉默于心，于是一个很好的点子便白白丢掉了。想要去追求自己的一份幸福，却因为担忧各种根本没有出现的状况而疑虑，于是又错过了很多原本可以美好的镜头。去学会把握机遇吧，就在你想要做什么的那一刻，就是一次机遇。在确信无法实现之前，不要轻易地放过它们。可遇不可求，只是悲观者的论调。

心灵许愿瓶

如果上天再给我一次机会……不，错过了的就让它过去，机会总是会不时地来临，与其懊悔，不如把握现在。增强自己的意识，当机遇再来临时，一定要抓住它，就像苦艾草，这般敏锐，这般顽强。

2. 静心看看，它是道具还是累赘

为了实现我们的创作，一定会需要一些道具。借助它们，你可以更深入地表达你的思想、你的情感、你的价值观、你的追求。每个人都得找个地方存放他的这些道具，但是我们必须知道，我们所拥有的道具中，肯定也有一部分是不需要的，它因为一个可能会用到的机会，而大大增加了我们的负担。

在毕淑敏的文章中讲过这样一个传说：在埃及古老的传说中，有一位至高无上的美丽女性，名叫快乐女神。快乐女神的丈夫是明察秋毫的法官。每个人死后，心脏都要被快乐女神的丈夫拿去称量。如果一个人是快乐的，心的分量就很轻，女神的丈夫就引导那有着羽毛般轻盈的心的灵魂飞往天堂。如果那颗心很重，被诸多罪恶和烦恼填满，快乐女神的丈夫就判他下地狱，永远不得见天日。

不管这个传说的真实性有多高，它向世人昭示了一个道理：只有简单，才能让生命走向高处。而在现实生活中，更多的人往往是这样的：在他们的车里，一定有备胎、千斤顶、工具箱、手电筒、旧毛毯，甚至还有衣物、防身武器等。打开他们的背包，里面一定有纸巾、记事本、伞、化妆品，还有很多不知道什么时候积累的超市收据。他们的家里，更是有多出的碗筷、茶具、从来不穿的衣物、新的床单、不再感兴趣的纪念品、很早以前出的杂志等。如果你也属于其中的一个，那么恭喜你，你至少会被多数人认为是正常的一位。但是不知道你是否想过，房子只是你生活在地球上的一个居住之所，更本质地说，它只是很多东西有序或无序地塞进一个空间，然后盖上屋顶安上窗户的地方。然后你将自己大部分时间安排在里面，当你离开这个地方时，你又害怕别人来拿走你的东西，于是又上了锁。当你要搬家时，你不得不花很多时间又将这些东西挪去另一个地方，并且花时间重新摆放。可是，又有多少东西是你每天必须用到的呢？又有多少东西是你连续几个月甚至整年都不会用的呢？

蜗牛妈妈教小蜗牛走路。小蜗牛问妈妈："妈妈，我身上的硬壳怎么这么重，它究竟是个什么东西？"

蜗牛妈妈说："那是我们的房子，我们蜗牛家族世世代代都住在这样的房子里，只有在这房子里，我们才能得到安全，因此你一定要学会背这个房子。"

小蜗牛背着蜗牛壳练习了一会儿，说："妈妈，这个房子太重了，我能不能把它扔掉？"

妈妈说："你想扔就扔吧。"

小蜗牛又问："如果我扔掉了它，会有什么后果呢？"

妈妈说："如果没有了这所房子，你就不是蜗牛了，你就变成了一只什么也不是的虫子。”

小蜗牛沉默了，最后它选择了背着那个重重的壳继续练习。

这样的情景持续了很多年，所有的小蜗牛都这样问过蜗牛妈妈，也得到了相同的回答。一直到出现了一只小蜗牛，它是这样回答妈妈的：“不是蜗牛又有什么关系，蜗牛这个名字对我来说并不是最重要的。重要的是我是我自己，哪怕我是一只什么也不是的虫子。”

的确，如果你愿意，你可以把你的东西卖掉一点，你可以拿去网站交易，拿去二手市场，可以拿去捐，甚至丢弃。你必须清理你的厨房、你的客厅、你的书房、你的柜子、你的抽屉，然后真正保持你需要的东西。更重要的是，你一定会在清理的过程中发现，即使你丢掉这些东西，也许在别人看来会有一些不同，但是对你自身并没什么不同，相反，你可能更轻松自在。

除了这些你所见的，并且能直接做出判断是“丢掉”还是“留下”的物件，更需要整理的是我们的内心，往往我们内心不必要的负担远远重过外在的物件。

一个年轻人背着一个大包裹千里迢迢找到大师寻求帮助，他问：“大师，我是那样的孤独、痛苦和寂寞，长途的跋涉更让我疲倦不堪。你看，我的嗓子因为长久的呼喊而喑哑，我的双手流血不止，我的鞋子破了，双脚也被荆棘割破……可是即使我已经付出了这么多，为什么我还是不能找到心中所要的?”

大师问：“你的大包裹里装的什么?”青年说：“它对我可重要了。里面是我跌倒时的痛苦，受伤后的哭泣，孤寂时的烦恼……因为经历了它们，我才能走到您面前来。”

听完年轻人的回答，大师将他带到河边，他们坐船过了河。上岸后，大师说：“现在，你扛着这只船赶路吧!”“什么，扛着船赶路?”

年轻人很惊讶，“它那么沉，我扛得动吗?”“是的，孩子，你扛不动它。”大师微微一笑，说，“所以，连同那个大包裹，你都放下吧!”年轻人顿时明白了。

是的，当我们要过一条河时，船是我们的工具。当我们每次跌倒、失败时，痛苦和哭泣是情感的发泄。既然我们已经过了河，既然我们已经从过去走到了现在，我们就应该及时清理自己行囊里的垃圾。而对于我们大多数人而言，那些成为我们“包袱”的负重，也许不仅仅是痛苦、自卑、孤独、寂寞、灾难、眼泪。我们追求真理，追求理想的生活，追求刻骨铭心的爱情，追求金钱，追求名誉和地位。我们会在追求中不知不觉地拥有很多。然而大部分所得除了能满足我们的虚荣心外，并无多大用处。因此，对我们所拥有的，要分辨清楚它们到底是道具还是累赘？只要是累赘，不论大小都需要及时清理。

一位年轻人去请教一个教心理学的老教授，因为他总是觉得压力很大，可是说起日常的生活，又觉并没什么多大的负担。听完年轻人的疑惑，教授说：“我们做一个小实验好不好?”年轻人表示赞同。

这时，老教授拿起自己喝水的杯子，问：“你认为这杯水有多重?”

年轻人说：“200克吧!”

“对，它只有200克。那么，你可以将这杯水端在手中多久?”老教授问。

年轻人忍不住笑了，心想：“区区200克而已，拿多久又会怎么样!”

老教授没有笑，他接着说：“拿一分钟，你一定觉得没问题，拿一个小时，可能就会觉得手酸。拿一天呢？一个星期呢？那可能就得叫救护车了吧。”

年轻人这才明白为什么自己会觉得压力大，皆因很多生活小事没有放下而已。

看起来很小很轻的物件随着时间的积累仍然会变成负担，这大概是我们大多数人会感觉疲惫的原因。苏轼有一首《定风波》词是这样写的："竹杖芒鞋轻胜马，谁怕？一蓑烟雨任平生。"当时，词人遇见一阵骤雨，而雨具恰好不在身边，可是他非常笃定。因为他手中只有一支竹杖，脚下只有一双草鞋，所以"轻胜马"，所以无所畏惧。人生的路途不正是如此吗？倘若我们背着重重的行囊前行，遇到大雨，顾此失彼，该多么狼狈？而生活原本就不必负重，因为梦想的路原本已经足够艰辛。愿我们都能做一个心轻者，也和苏轼一般，能做一个行囊简单的人，轻轻松松地去往我们的方向。

心灵许愿瓶

我们真的需要这么多东西吗？除了我们可见可触的，我们还带着多少不可见却比物体更沉重的东西？试着去重新检视你的周围吧，看看什么是你必须要带上路的，什么是可有可无的，什么是完全可以丢弃的，然后从身边的每一个物件开始，到心中的每一个念头，你需要一次彻底的"整理"。

3. 这里无须摆酷的墨镜

你可能需要很多道具，也拥有很多道具，但是有些是我们根本不需要却梦寐以求的，被称为"欲望"。多一份欲望，就如同不停地往自己的行囊里增添新的重量，在路途上看到的一朵美丽的花、一块奇异的石头，如果都想占为己有，那么心终会变得杂乱而无法专注于路程。因此，少一些欲望吧，譬如摆酷的墨镜不需要就毅然放下。

一位年轻人问智者：“怎样才能成功地攀登到梦想的山巅?”智者微微一笑，从桌上拿起一张纸，叠成一只小船，然后将纸船放进门前的小河中。只见小船借着水流安静地驶向远方，水边开满了各种鲜花，林中有无数只鸟儿鸣唱，但是对小船毫无影响，它一直往前，渐渐地离开了年轻人的视线。智者说：“一旦你选定了目标，就勇敢地出发，途中不因贪恋金钱而焦躁，不因贪恋美色而沉沦，不因攫取地位而堕落，不因渴求名誉而毁灭，只管向着既定的目标默默前行，你就会到达终点。”年轻人恍然大悟。

的确，人生中的诱惑太多，金钱、美色、地位、名誉……人生旅程的每一段路都斜挂着欲望的明月，盛开着欲望的鲜花，点缀着欲望的果实，流淌着欲望的溪水，回荡着欲望的靡音，人生就是一次诱惑之旅，每迈一步都必须面对各种诱惑。

一位国际著名的登山家经常在没有携带氧气设备的情况下，成功地征服海拔 6500 米以上的高峰，这其中还包括了世界第二高峰——乔戈里峰。

其实，许多登山高手都以不带氧气瓶而能登上乔戈里峰为第一目标。但是，几乎所有的登山好手来到海拔 6500 米处就无法继续前进了，因为这里的空气实在稀薄，几乎令人窒息。因此对登山者来说，独立征服 8611 米的乔戈里峰峰顶，只能依靠自己的体力和意志，这确实是一项极为严峻的考验。

然而，这个登山家却突破障碍做到了，他在接受表彰的记者招待会上，说出了他在这一段攀登时的心路历程。他认为，在突破海拔 6500 米的登山过程中，最大的障碍是心里各种翻腾的欲念。因为在攀爬的过程中，任何一个小小的欲念都会让人松懈意念，转而渴望呼吸氧气，慢慢地让人失去力气与信心，而“缺氧”的念头也会开始产生，最终就只能让人放弃征服的念头，以待来年重新挑战。

想要登上峰顶，首先你必须学会清除杂念，只有脑子里杂念越少，你的需氧量才会越少。同理，你的欲念越多，你对氧气的需求便会越大。所以在空气极度稀薄的情况下，想要攻上顶峰，你就必须排除一切欲望和杂念！排除诱惑，往往是一件难事。谁能像小船一样，不为小鸟的鸣唱和水边的花香所动？谁能像那个登山者一样在巅峰清除杂念？在尤瑟纳尔小说里讲过这样一个故事：英雄马尔戈被刽子手捕获后，他躺在地上装死想以此逃生。刽子手为了检验他是否真死了，用铁钉穿透他的手心，他连肌肉也没有抽搐一下，用烧红的木炭放到他的胸口，他连眉头也没有皱一下。之后镇上美丽的女孩在他面前跳舞，他再也控制不住自己的心跳，忍不住展开了笑容。马尔戈的微笑说明了拒绝诱惑是件比锥心火烧更难的事，因为诱惑不让人痛，它使用的是甜蜜的手段。

一个山民的妻子病了，卧床不起，山民没有钱给妻子买药治病，就上山采药。一天，他一不小心从山上摔了下去。醒来后他发现自己被挂在了半山腰的一个树枝上，他明白是这棵树救了他。在庆幸之余他发现身边有一个发光的东西，拿起来一看，是一个漆黑发亮的小盒子。山民不免心中一喜，猜想也许是一个宝盒，可是任他怎么打都打不开。回到家里他把这个小盒子拿给妻子看，妻子也很好奇，但也打不开。妻子说：“该不会有什么咒语吧？”

山民说：“能有什么咒语，要是个宝盒就好了，我想要……”刚说到“我想要”3个字时，盒子突然打开了，从里面跳出来一个衣着华丽、相貌丑陋的小人儿。小人儿笑眯眯地说：“你想要什么呢？我都会满足你。”山民想了想，因为妻子生病，家里已是一贫如洗，于是就说：

“你给我好多钱吧，我太需要钱了。”小人儿说：“好的。”转身变出了一沓钱交给了山民。山民激动地接过钱，随口问了一句：“你是谁呀，叫什么名字呢？”小人儿神秘一笑：“暂时保密。”

山民拿着这一沓钱，不再干活，整天游手好闲，开始出入赌博场所，一掷千金连眼都不眨。他只顾自己吃喝玩乐，早已把妻子抛在了脑后，妻子的病每况愈下，病入膏肓。不久，他自己也染上了一种可怕的病。他找到了小人儿，小人儿说：“我这里没有药，我不能为你治病，但我有一个办法能救你。”山民一听说有救，急忙说：“快告诉我，让我做什么都行。”小人儿说：“你还到当初采药的山上，在山顶上有一株黑叶黑花、只有两片叶子的小草，采到它吃完以后，你们的病就都好了。”

山民费了好大的力气才爬到了山顶，找到了那株小草。当他伸手正要采时，忽然发现在山崖边上有一颗闪闪发光硕大无比的钻石。山民心动了，于是他爬到了山崖边，就在他抓到钻石的瞬间，失足跌下悬崖，摔得粉身碎骨。

魔盒中的小人儿狡黠一笑：“嘿嘿，告诉你吧，我的名字叫诱惑。”

诱惑的小人儿就如恶魔，撕扯着人的心灵，湮灭着人的灵魂，吞噬着人的生命。喜剧大师卓别林曾说：“学会说‘不’吧！那你的生活将会美好得多。”的确，面对各种诱惑，我们要学会拒绝诱惑，活得自然。因为拒绝诱惑，能使你的心灵保持一份纯洁与宁静。纵览青史，能够拒绝诱惑，不为之所动者比比皆是。

庄子冷眼观世界，当楚国国君想用重金聘请他当相国时，这位漆园小吏居然毫不动心，而是以楚之神龟“宁其生而曳尾于涂中”也不愿“笥而藏之庙堂之上”、“死而留骨以贵”为喻，拒绝了诱惑。谪仙李白漫游天下，不以“钟鼓馔玉”为贵，不肯“摧眉折腰事权贵”，不恋权势，纵情山水，为后人留下了许多不朽之作。诗人陶渊明不为五斗米折腰，放弃官位，隐居田园，自耕生活，其乐融融，被视为淡泊典范。林逋拒绝权位的诱惑，以梅为妻，以鹤为子，归隐杭州孤山，淡泊一生，品一颗梅实，烹一盏香茶，吟出了“疏影横斜水清浅，暗香浮动月黄昏”的千古名句。这些在历史的轴卷上留下峥峥风骨的人，在诱惑面前透出的是一股傲气、一股浩然正气！无欲则刚，对于我们来说，以拒绝的勇气守住精神世界中的一块净土，又何尝不是一种修炼、一种境界呢？

心灵许愿瓶

要在这样一个多变的世界中保持一颗宁静的心着实不易。学会控制诱惑，也就是学会了怎样保持内心的宁静。只有保持内心的宁静，才能不轻易动摇，才能更好地为以后的创作做准备。

4. 找到合适的借力点

要想获得自己想要的镜头，你一定要学会利用一些可利用的资源，调动可调动的力量，比如一个合适的垫脚箱，它能帮助你解决很多问题。一个有智慧、有作为的人，就应该学会借力，个人的能力总是有限的，牛顿说：“如果说我看得比别人更远些，那是因为我站在巨人的肩膀上。”我们也应该学会借助外力提升自己。

一位父亲带着他7岁大的儿子整理后花园，他们遇到了一块埋在土中的大石头。父亲觉得这是一个教育孩子的好机会，于是他要孩子自己将大石头移开。孩子推了半天，推不动，就聪明地在旁边挖了个洞，找来一根木头插进洞中，把另一块小石头垫在木头底下，使劲儿地往上撬，但大石头仍纹丝不动。

父亲明知孩子力气小搬不动大石头，但仍冷冷地说你要尽全力想办法。

这一次，孩子用尽了全身的力气，小脸都憋得通红了，石头依然纹丝不动。孩子大喘着气，颓然坐下。父亲和蔼地走到他身边，问道："你确定你真的用尽全力，想尽办法了吗？"孩子说是的。这时父亲温柔地拉起孩子的小手说："不，儿子，你还没有想尽办法。我就在你旁边，可你没有向我求援。"孩子这才恍然大悟。

想要成功，不仅要有顽强的意志，还要学会利用可利用的资源，寻求最佳的方式方法。对于孩子来说，使尽全身力气也好，借助木头和石子做成杠杆也好，都不及向父亲求助这个方法快。"三个臭皮匠胜过一个诸葛亮"，就是借用别人的智慧来弥补自己智慧的不足，借用别人的力量来帮助自己取得成功。

树上的叶子常年望着天空，渴望飞起来，可是终归逃不过化为泥土的结局。但是有一片叶子除外，它向风求助，请求风将它带到天空中飞翔一阵。于是，叶子虽然没有翅膀，但是也飞到了天空中，这便是借助外力的结果。有了外力的帮助，困难的事做起来就会容易得多。唐代的《集异记》中记录了这样一个故事：

唐代诗人王维年少时便以诗成名于天下，并精通音律，尤其擅长弹琵琶，很受当时的岐王的看重。与王维同时的还有一个叫张九皋的书生也很有名，其友人是安乐公主的门客，已经请公主行文给京兆试官，让试官录取张九皋为"解头"。王维正准备参加应举考试，听说这个消息之后，就将这一情况告诉了岐王，请岐王帮忙。岐王认为公主势力很大，不可力争，只可巧取，于是，他让王维回去录自己旧诗10篇，并谱一支新琵琶曲。

5天后，岐王让王维穿上乐工的衣服假扮宫中的伶人，一起去见公主。在宴会上伶人奏乐，年少英俊的王维站在最前面。公主看见他气度不凡与众不同，问岐王这人是谁。岐王说这是一个精通音律的人。公主让王维独奏新曲，王维演奏了他新创作的琵琶曲，满座动容，公主也被琵琶曲震撼了。这时，岐王又说此人还善于作诗。于是王维把所录的旧诗献给公主看。公主读后，很吃惊地说："这些诗都是我经常吟诵的，我以为是古人的佳作，没想到是你作的！"便让他换去伶人的衣服，在贵宾席就坐。公主问岐王为什么不让王维去应举。岐王说："此人立志要考第一名，但您已经把第一名给张九皋了。"公主说："那是受别人所托，无关紧要。倘若王维去考，当以实力论取。"于是公主派人把试官召到府中，以王维考试的事相托。最后，王维果然以自己的诗文考中"解头"。

王维若单纯凭借自己的实力，在当时"举荐"的科考制度下，不知道要等上几年才能崭露头角。"千里之行始于足下"，靠步行虽然也能到达，但是要在最短的时间内达到千里之外，为自己争取更多时间，只有借助千里马之力，才能达到目的地，这也是古今很多人的成功之道。

有一位书商积压了一批书卖不出去，眼看就要亏本了。情急之下，书商想到了一个好点子，他给总统送去了一本，并频频联系征求总统对这本书的意见。忙得不可开交的总统随便回了一句："这书不错。"书商如获至宝，用这句话大做宣传："这是一本受总统喜爱的书。"于是手头的书很快被抢购一空。不久，这个书商又有一批书要出售，于是他又给总统送去一本。总统有了上次的教训，想借机奚落他一番，就在书的扉页上写道："这书糟透了。"没想到书商又大肆做宣传："这是一本连总统都讨厌的书。"人们出于好奇争相抢购，书很快便全部卖掉了。第三次，书商再次把书送给总统，总统选择不理不睬，免得再被利用。然而这次书商的宣传词是"一本令总统都难以下结论的书"。结果书还是被抢购一空。

古人早就以这样的智慧教导后人："假舆马者，非利足也，而至千里，假舟楫者，非能水也，而绝江河。君子生非异也，善假于物也。"不管我们借助的外力是何种形式，只要能改变先前的条件，便能使事情有新的发展。

作为在现代社会显得势单力薄的我们，又怎么能不学会为自己寻找合适的垫脚箱呢？

心灵许愿瓶

有时候，寻求帮助并不是因为自己无能，而是为成功铺上一块垫脚石。有了垫脚石，我们才能够得着更高的地方，才能够找到成功大门的锁眼，才能以自己的实力为钥匙打开那扇原本紧闭的大门。所以，我们都应该为自己寻找垫脚箱，以达到更高的高度。

5. 它不是一把简单的椅子

如果你没有坐在地上的习惯，你一定会需要椅子。关键是你需要几把椅子？大多数人会成套的买，四把或更多，于是牌桌有了，其他各种各样的"客人"都有了落座的地方，你的心接待的客人也越来越多，相对地，属于你个人的时间将越来越少，那么你还有多少时间去实现你的梦想呢？

你需要一把椅子，并且只需要一把，它代表的不再是一把椅子具有的功能，而是标志着你对自身能量的分配。

软件巨子比尔·盖茨和股神巴菲特见面，共同回答了成功最重要的品质是什么的问题，结果他们竟然回答了相同的答案——专注。哲学家尼采也说过："具有专注力的人可免于一切窘困！"

28岁的玛丽娅与皮埃尔·居里在巴黎郊区的梭镇结为了夫妻。他们的婚礼十分简单，没有乐队，没有隆重的仪式，只有几位至亲好友的祝福。他们的新房也只是一座坐落在渔村的农舍，家中除了一张普通的床，一张普通的桌子，两把普通的椅子，再没有别的家具。也许你会认为，他们家太穷，买不起家具，或认为居里夫人过于节俭，舍不得花钱。其实不然，在结婚前，皮埃尔的父亲就打算送一套高档的家具，作为他们结婚的礼物，但被居里夫人婉言谢绝了。

对此，皮埃尔很不理解，他觉得家中只有两把椅子实在太少，家里来了客人也没地方坐。他建议多增添几把。居里夫人劝阻他说："亲爱的皮埃尔，椅子多点是会带来方便，但是客人坐下来后就不走了，我们要花费许多无谓的时间来应酬。并且多余的椅子也需要花时间来打扫，与其这样，还不如只有两把椅子好，你一把，我一把，没有外人打扰，我们可以一心一意地做实验，搞研究，你不觉得这挺好吗？"

听了居里夫妇的解释，皮埃尔方才明白妻子的一番良苦用心。于是，他听取了居里夫人的意见，没有再增添一把椅子。果然，当人们来到居里夫妇家后，见家中连一把坐的椅子也没有，只得匆匆忙忙地离开。因为他们实在不愿意自己坐着，而让居里夫妇站着，也不愿意自己一直站着，以俯视的方式跟居里夫妇讲话，这都会让他们很不自在。没了俗事的纷扰，玛丽娅得以全身心地工作，她将自己大部分的时间和精力都投入到了科学研究中，先后获得诺贝尔物理奖和诺贝尔化学奖。

居里夫人能取得这样辉煌的成就，可以说那两把简陋的椅子功不可没。少了俗事的干扰，她生命的每一分钟都属于科学，根本无暇坐在舒服的椅子里高谈阔论。也是在简陋的椅子上，她实现了科学界的神话。关于椅子的作用，梭罗在《瓦尔登湖》里也有一段类似的话：“我的屋子里有三张椅子，独坐时，用一张，交友用两张，社交用三张。”对过着纯粹内心生活的梭罗来说，最多需要的是三张椅子，一张自己坐，一张给促膝而谈的好友，一张给社交以增长知识。如果还有其他的椅子，就显得多余了。他原本就是一个从社会游离到大自然的人，若是再增添几张椅子，他就回到原有的纷乱生活状态了。

一次，牛顿约朋友与他一起吃饭，饭菜都已放在桌上，而牛顿就是迟迟不肯走出他的书房。朋友知道他古怪的作风，就坐下来等他。等了很长时间，牛顿还是没有出来，他的朋友知道牛顿一定沉浸在新的理论探索和研究中了，以致他忘记了吃饭。因此朋友就不再等他，自己先吃起来，吃完后，他想与牛顿开个玩笑，他把所有的鸡骨头放在盘子里盖好，然后迅速地离开了牛顿的住所。几个小时后，牛顿走出他的书房，感到肚子很饿，他看到饭桌上已摆好了盛饭菜的碗盘，就坐了下来。他揭开盖子，发现盘子里净是鸡骨头，他非常惊讶，他掉过头来，看看时钟，发觉通常的吃饭时间已过了。“对，”他自言自语地说，“我记得没有吃，可能是我记错了。”于是，他从桌边站起来走回他的书房，又开始他的探索和研究。

当然，牛顿的成功，不仅是专注，但可以肯定的是，如果一个人能够几十年如一日地专注于一件事情，他至少在某个方面会出类拔萃。只是随着节奏的加快，做仓促决定的人越来越多，专注内心修炼的人越来越少。在各种目标间徘徊的人越来越多，专注于一项事业的人越来越少。

上天对每个人都是公平的，所有人都拥有成功所需的全部动能。只是有的人善于汇集这些能量，有的人将自身的能量弃置不用，或者将能量分散到了很多事情上，导致人生成本的提高，个人资源严重浪费，所以才有了各种不同的结果。

不要再浪费我们自身的能量，就为自己增添必须用的椅子吧，把“可能用”的和“备用”的通通都剔除考虑的范围，你需要的只是一把椅子而已，这就足够了!

心灵许愿瓶

愿我们都能观察一下周围，我们给了俗事多少落座的机会？而那些琐屑的事件真的重要吗？愿我们都去掉多余的椅子，不让身外之物有落座的机会，便能用自己最多的力量集中到你要做的那件事上。

6. 戏服有窟窿，别忘在上面绣朵花

戏服坏了，你是丢掉还是准备买新的？你的生活出现了糟糕的事情，就像那个戏服上的小窟窿，你是要破罐破摔糟糕到底，还是干脆逃避置之不理？我们必须学会一种手艺、一种态度、一种能将窟窿变成一朵花的手艺、一种能将平常日子过得多姿多彩的态度、一种能将苦难化为磨砺的态度，这比买一件新的衣服更重要，也比重复地去寻找新的生

活环境更重要。

2010年12月31日凌晨3点46分，一个自称“职业是生病，业余在写作”的作家因突发脑溢血而逝世。他60岁的生命，用残缺的身体说出了最为健全的思想，他用生命的苦难表达的却是明朗和欢乐。

他20岁因双腿瘫痪回北京，23岁在街道工厂做临时工，在小作坊里往仿古家具上画仕女，27岁开始学习写作，29岁因败血症住院，30岁因急性肾功能障碍辞职回家。多年来，他与疾病顽强抗争，在病榻上创作出了大量优秀的、广为人知的文学作品，他就是史铁生。

他说：微笑着，去唱生活的歌谣。不要抱怨生活给予了我们太多的磨难，不必抱怨生命中有太多的曲折。大海如果失去了巨浪的翻滚，就会失去雄浑；沙漠如果失去了飞沙的狂舞，就会失去壮观；人生如果仅去求得两点一线的一帆风顺，生命也就失去了存在的魅力。

他说：幸福是要自己去寻找的，无论你在空间的哪一个角落，在时间的哪一个时刻，你都可以享受幸福，哪怕是你现在正在经历着一场大的浩劫，你也应该幸福，因为你可以在浩劫中看到曙光，能从浩劫中学到很多别人可能一辈子都学不到的东西，当你拥有了别人所不曾拥有的东西时你就是唯一。

绝境从来是这样，要么把人彻底击垮，要么使人归于宁静。史铁生当然算得上是经历过绝境了，真正获得了宁静的人极其敏感极其温厚，也极其丰富极其坚韧，苦难中的史铁生用宁静思考世界、思考生死，并且爱和感恩。他用睿智的言辞去照亮人们幽暗的心，他生活在艰辛的窄缝里，却带着豁然开朗的喜悦，他的一篇篇文章就是他为世人呈现的最好的花朵。正如他在文中所写的那样：“心灵的房间，不打扫就会落满灰尘。蒙尘的心，会变得灰色和迷茫。我们每天都要经历很多事情，开心的，不开心的，都在心里安家落户。心里的事情一多，就会变得杂乱无序，然后心也跟着乱起来。有些痛苦的情绪和不愉快的记忆，如果充斥在心里，就会使人委靡不振。所以，扫地除尘，能够使黯然的心变得亮堂；把事情理清楚，才能告别烦乱；把一些无谓的痛苦扔掉，快乐就有了更多更大的空间。”他是用自己苦难的生活来实践这种态度的。无独有偶，在19世纪的英国，也有一位文学家用自己残疾的身躯写出了一篇篇为自由、幸福而斗争的诗歌。

浪漫主义诗人拜伦从小跛脚，走起路来就像个瘸子一样。由于残疾，拜伦的幼小心灵留下了难以抚平的创伤。为了治好双腿，母亲每天都要按医生的嘱咐将拜伦的病腿紧紧地裹夹起来，这让拜伦经受了痛苦的煎熬。

由于是个跛子，拜伦在刚入学时经常遭到同学们的嘲笑。拜伦明白要征服旁人得靠自己的真才实学，没用多久他就以渊博的知识获得了同学们的喜爱，同学们不再讥讽他，而将他称为“跛足魔鬼”。

为了能面对自己的缺陷，拜伦经常去爬山。他非常喜欢在乱石堆中漫步，完全不管自己的腿有毛病，他像一个正常人一样从一块石头跳到另一块石头，已完全忘却了自己的腿疾。每当登上山顶，他就会激动地欣赏着山顶的美景以获得灵感。

由于对生活的积极乐观，拜伦没有丧失激情和想象力，无论在知识拥有量上还是在诗歌写作方面，他都胜人一筹。大学时，除了爱好游泳之外，写诗成为了他的人生乐趣，也成就了他诗人的名号。

生活对于拜伦，也是一个打击，可是拜伦却用渊博的知识填补了那个“窟窿”，也成就了自己独特的作风。有生理缺陷的人都可以如此成功，更何况健康的人们呢？性格的弱点、恶劣的环境、不幸的遭遇、生活的痛苦……只要生命在，没有什么是不能战胜的。被处以宫刑的司马迁、双目失明的博尔赫斯、耳聋的贝多芬，他们的成功就是在不完美的生活中为自己绣了一朵完美的补丁花。

有一个富翁要为一所学校投资建造一座漂亮的图书馆，好让更多的孩子在更好的环境里读书，于是请了一个建筑公司来建造图书馆。这一天，富翁没有什么大事可做，就独自一人来到工地上看看图书馆的工程进展如何。他看到3个工人正在砌墙，但脸上流露出的表情却截然不同：一个工人边砌墙边唉声叹气，一个默不作声严肃认真，另外一个却兴高采烈，嘴中还哼着小曲。富翁看到这种情况后很奇怪，便走过去问他们："老兄啊，你们在做什么？"

第一个工人哭丧着脸说："你没有看到吗？很显然，我们正在砌一堵墙。这种工作我已经干了五六年了，实在是无聊至极！我真的厌倦了这种生活，每天都是机械地重复，太乏味了！要不是我还需要这份工作养家糊口，我早就不在这儿消耗我的时间了！"

第二个工人则平静地说："我在建造一所了不起的高楼，这座楼有五层高，我们将采用最先进最环保的材料来建造，完工后这里肯定会是这座城市最棒的图书馆。"

第三个工人愉快地说："我正在建造一座城市。因为这里将是热爱读书的孩子们常来的地方，这些孩子们长大后又将为这座城市的美好而添砖加瓦，所以我满怀期待，觉得自己在参与一件了不起的大事！"

同样的工作，3种不同的态度是3种不同的境界。当我们面对一件事情时，我们必须学会这样一种生活态度：一种能将寻常生活过得有滋有味的态度，一种能把眼前的一砖一瓦一草一木看做伟大工程一部分的远见，一种愿意通过巧手将一个窟窿变成一朵小花的态度！

如果生活只是有了一些很小的褶皱，我们更无须抱怨，也无须生气，我们需要做的只是一边快乐地拿出熨衣斗，一边哼着小曲将那褶皱熨平！

心灵许愿瓶

世界上万事万物不可能总是十全十美，窟窿作为一种缺憾是免不了的，你不能够指望窟窿会神奇般地自己变好，那是童话里才有的情节。你能做的和你该做的，就是用补丁缝合窟窿，并且还要努力在“伤口”上开出最美丽的花朵，生命之所以有意义就显现在这里。

7. 把灯光尽可能地调温暖些

你一定会需要这样一盏灯光：它只会出现在你的床边，只用来照亮你自己。当黑暗袭来时，记得把这盏灯光调得温暖一些，再温暖一些，让它照亮你疲惫的心，它的灯光能让你有个好梦。

你快乐吗？心情好吗？问这个问题，是因为从某个角度说我们实在是最“可怜”的一类。水开了，呜呜呜地发出气鸣声，于是马上会有人去关掉。一块广告牌被风吹得要掉下来了，于是马上有维修的车过来，拦出安全范围疏散人群进行修理。但是你走在大街上，莫名地心情不好了，你说“我心情不好”，没有人会理你，也没有人会为你着急，更没有人知道怎么来“维修”你的心情，弄不好，还会被扣个“为赋新词强说愁”的帽子。

于是，我们都在努力学会怎样“维修”自己的心情。有些人心情不好的时候，喜欢开着车到处兜风；有些人心情不好，喜欢暴饮暴食；有些人心情不好，喜欢用睡觉来打发；有些人选择整理东西；有些人选择看电影或者 K 歌。总之，在这个转换的过程，我们总是需要点什么。

车子、食物、睡眠、刺激的电影……试着问问自己，将自己心情的阴和晴翻个面需要多少时间？试着问问自己，我们是不是都需要一种能调整自己心情的方法？

有一个叫格鲁特吉伦的小镇，坐落在美国阿拉斯加地区，那里因为靠近北极圈全年平均气温只有4℃，最低气温甚至可达零下40℃。由于这样严酷的气候，居民的生活来源有限，活动范围也相当有限，小镇上的人生活极为辛苦。不少人对生活感到失望透顶，年轻的人都打算着要搬离这个鬼地方，前往其他地方去生活。

为了鼓励当地居民积极生活，驱散格鲁特吉伦的这种悲观气氛，2005年2月1日，格鲁特吉伦镇委员会制定了一条在全世界都堪称独一无二的法令：每天的傍晚6点至7点为“快乐一小时”时间。在这60分钟里，只要是镇上的人，不管是当地居民，还是前往该镇的旅游客人都必须快快乐乐。不管你现在做什么，都要保持快乐的心情。而在这个时间段内，还会有面带微笑的警察和执法人员走街串巷观察人们是否正在“快乐”。一旦发现谁违反了这一法令，如吵架生气、悲观失望、愁眉苦脸、郁郁寡欢，执法者会微笑地对其处罚。轻者将处罚金，重者强制学习，学习的内容是观看诙谐有趣的电视脱口秀和喜剧电影。

“快乐一小时”的法令颁布后，渐渐地，格鲁特吉伦镇成了一个快乐大本营，大家都聚在一起，开怀大笑，相互逗乐。这个寒冷的北极小镇仿佛召来了快乐女神，温暖包裹了格鲁特吉伦镇。

格鲁特吉伦镇的人们将“快乐”设为法令，虽然看似离谱，但是谁说快乐是不能被制造的呢？相比格鲁特吉伦镇的人们，我们拥有了太多可以调节心情的东西——明媚的阳光，可供观赏的花儿，各种可口的食物，各种音乐……为什么我们不能也学学这个小镇上的人们，让自己每天“快乐一小时”呢？

有一个女孩，经常会抹上各种颜色的眼影。刚来的新同事还以为她是多么爱化妆，便向她讨教眼影的画法，却不想原来女孩抹眼影是另有别情的。原来，眼影是她情绪的表现色。

当这个女孩心情有些莫名的烦躁时，她会涂上淡淡的绿色，她认为淡淡的绿色像是自然的颜色，能安抚人的心情。

当女孩心情很糟糕时，她会涂上浓浓的紫色，因为她最喜欢的是紫色，她希望通过这个颜色改善自己的心情。

当女孩心情很好时，她会涂上粉红色系，她觉得那时心情就像一个柔软的孩子，适合温暖的颜色。

新同事听说后，只要每天看到她的眼影，就知道了她的心情。当出现紫色时，同事会选择避开那些令人烦恼的问题；当出现绿色眼影时，同事会默默地关心她一下；等到粉红眼影出现时，同事会和她讨论复杂的问题。相处下来，这个女孩是公司里人缘最好的一个。

眼影色的出口，多么令人愉悦的方法，不会干扰别人，也能给自己带来很多便利，不愉快的心情就这样云淡风轻起来。涂着各色眼影的女孩微笑如春风，我们是不是也要学会在生活中为自己找出口？为自己找一盏温暖的灯吧，当心情不好时，如果连一盏温暖的灯光都舍不得给自己，那人生岂不是太无意义？

比如，工作、爱情有了小麻烦，如果选择流泪、和人吵架，心情只会越来越糟。那就换个发型吧，女孩儿给自己涂个口红，让自己和平常判若两人，给自己一个放松的借口，你会发现其实没有什么不可改变，生活就是这么简单，没有什么理由再继续低落了！

马里亚纳海沟的深处是个又冷又黑的地方。那里千万年来一直都沉寂无声，许多动植物几乎无法生存。不过，那儿却偶尔会有些零星的小光点，缓慢地在黑暗中游移，那是安康鱼身上发射出来的光芒。

只能在深邃海沟中生存的安康鱼，无法享受海域上方澎湃的水流，更无法享受阳光照射海面时的美丽粼光，它们靠着身上的一盏小灯笼，照亮自己周遭永无天日的世界，在一万多米深的海底中努力生存。没有光线，它们就设法给自己光线，这是在物竞天择的进化过程中，它们努力开发生存的能量与力量，让深海底的奇迹在自己的身上发生。

当安康鱼在深水海域中面对着黑暗、寂寞与失望时，仍不愿放弃自己的生命，它们坚强地进化自己，以便拥有更坚韧的生存能力。而我们面对黑暗又应该如何选择呢？尽快为自己找到那盏灯，将那盏灯的光调温暖一些吧，不管外界多么黑暗，学会温暖自己，这是我们将来面对黑暗时必须拥有的道具之一，也是唯一一个为自己的好心情准备的道具！

心灵许愿瓶

为自己开一盏灯，是生活中另一个温暖的点缀。当黑暗逼近心灵时，不如出去走走，晨风吹拂，空气中有新吐的嫩叶和初放的小花，还飘散着隐隐的清纯气息，生命如此新鲜！多看一眼这美妙的景色、多吸一口这清纯的气息吧，这些都是点亮心灯的最好的燃料！

第二章　不敢进炼钢炉的不叫经典

一段感人的台词，一片美丽的风景，一个让人无法忘记的角色，都不是简单就能完成的。在电影里，看似相似的动作和言语，在本质和感觉上有着天壤之别。人与人之间的迥异最明显的体现是在思想上，唯有不断去学习去改变去挑战去承担，才能明白世界呈现在我们眼前的绝不是它原本的样子，而我们思想中的那一个世界也绝不是静止不变的。

1. 看透他人，不如先看清自己

罗兰说:“一个人一定要先认清自己，找到目标，然后才有权去选择自己想要的，拒绝自己不想要的。如果不认识自己，也没有目标，而只是因为自己觉得目前所有的东西不好就放下手里的，另外去拿一个别的，那就只是没有主见和见异思迁。像这样彷徨犹豫，结果会是一事无成。”

知己知彼，方能百战百胜。在看透他人之前，我们必须先认清自己真正需要什么、想做什么，才能确定自己学习的目标和努力的方向。

有这样一则寓言：有一只狮子醒来后发现自己不知道什么时候尾巴上被贴上了“驴”的标签，标签上还有编号和公章，它不知道发生了什么事，自己又撕不下来。渐渐地，它开始真的怀疑自己是一只狮子还是一只驴，它到处询问自己是不是狮子，得到的结果却不同，有的说它是狮子，有的说它就是头驴。最终狮子累了，也不再去询问，竟慢慢变成了“驴”，发出了驴的叫声。

希腊有句名言：最困难的就是认识自己。被打上标签的狮子就是如此，更可悲的是狮子不能坚持自己是狮子的事实，因为一个标签而对自己产生了怀疑，最终沦为了驴。被贴在身上的标签就那么重要吗？竟然让狮子都不能坚守自己的本性。听来令人匪夷所思，可是现实生活中又有多少人正是顶着这样的标签活生生地被改造成了另一个人呢？

认清自己是谁，认清自己到底是什么样子的，认清自己想要什么，看起来是一件简单的事，实则是件最困难的事。

挺立悬崖的翠松经历了风霜的拍打，才认清自己坚定不屈的本质；傲然风雪的梅花经历了苦寒的考验，才认清自己桀骜不驯的本质；遍布原野的小草经历了黑土的埋没，才认清了自己生机勃勃的本质；沙漠之中的胡杨，经历了飞沙走石的拍打，才认清了自己千年不倒的不屈本质；江南水乡的杨柳，经历了几百年的清风吹拂，才认清了自己柔弱缠绵的本质。自然万物，尚且需要认清自己，才能找到最适合自己生存的土壤和季节，才能体会生命的真谛，更何况我们呢？只有认清自己才不至于在错误的道路上一直走下去，只有认清自己才能事半功倍、天高地阔。

一个男孩子自幼家境贫寒，他的父亲粗暴、专制，对儿子的学习、生活不闻不问，只是偶尔指手画脚地训斥一通——他想把儿子培养成为性格坚强而又能干的年轻人，但结果是适得其反。男孩多愁善感，内向又懦弱，缺乏男子气概。男孩的父亲看着这样的儿子非常生气。

随着父亲的管教，男孩的性格不但没有变得刚烈勇敢，反而更加懦弱自卑，老是觉得周围环境都在对他产生压迫和威胁，致使生活中每一个细节、每一件小事，对他来说都是一个不大不小的灾难。他在困惑痛苦中长大，常独自躲在角落处。看到他的那个样子，父亲觉得自己的儿子简直就是没出息到了极点，也对他失去了任何期待。

然而，令人们始料未及的是，这个男孩后来成了20世纪世界上最伟大的文学家，他就是奥地利的卡夫卡。

卡夫卡为什么会成功呢？卡夫卡笔下描写的都是生活在下层的小人物，他们在这充满矛盾、扭曲变形的世界里惶恐、不安、孤独、迷惘，遭受压迫而不敢反抗，也无力反抗，向往明天又看不到出路。这不正是卡夫卡自己内向、懦弱、多愁善感性格的表现吗？正因为有了这样的性格，才使得他的精神家园里也充满了相似的特点。多愁善感的性格使他对世界、生活、人生、命运有了更尖锐、敏感、深刻的认识。对社会的陌生感、孤独感与恐惧感，成了卡夫卡创作的永恒主题。我们今天看到的《变形记》、《城堡》、《审判》等许多不朽的巨著，正是卡夫卡认清自己，将思想托付给笔下人物的结果。

和卡夫卡一样，陶渊明认清了自己，才毅然抽身离开官场归隐田园，留下了“采菊东篱下，悠然见南山”的名句；阮籍认清了自己，这才终日以“饮酒昏酣，遗落世事”来保全自己的生命和自由；李白认清自己，才遍访名山，不事权贵，留下让无数人拜读的诗句；鲁迅认清自己，才毅然放弃所学的医学专业，以笔为刀，来解剖麻木的灵魂。

一位年轻人来向智者请教成功人生的意义是什么。智者并没有马上回答他的问题，而是首先问道：“年轻人，请你告诉我，你想在生命中得到什么呢?”

“对不起，您的意思是……”年轻人不解地问。

“你想从生命中得到什么？比如幸福、财富、地位……”

"嗯……我想要健康、快乐和……当然，还有富足。"年轻人不好意思地回答道，"这不是和每个人都一样吗?"

"是的，这也是为什么很少人拥有快乐、健康并且富足的原因。"

"您是什么意思?"

"如果你不知道要在生命中寻找什么，你如何找到它呢?"

"可是我刚才不是说了吗?我要健康、快乐和富足。"年轻人坚持道。

"可是这些字眼是多么模糊不清啊，没什么特别的意义，它们到底是什么意思呢?比如，你要怎么样才会感到富足，还有你必须赚多少钱才会感到富足呢?"

年轻人想了想说："我至少需要赚比现在的薪水多两倍的钱，才会感到富足。我要拥有一所房子，没有贷款负担，还要一部车子。"

"哪种房子，哪个牌子的车子?"智者打断他说。

"那个并不重要，随便什么样子的都好。"

"是吗?那么连卫生间都没有的房子，位置在脏乱的贫民区，你也无所谓吗?"

"不!当然不行!我最想要那种带小花园的二层小楼，我要有一间书房，有一个小餐厅，有一个大的卧室和客厅。"

"你认为只赚到比现在的薪水多5倍的钱就能负担得起这些吗?"

"不能。我就是赚比现在多五倍的钱，也负担不起这种昂贵的房子。"

"这样啊，那你刚才为什么说只要赚到比现在的薪水多两倍的钱，你就会感到富足呢?"

"噢……那个时候，我还没有认真去思考这个问题。"年轻人承认。

"那么，你现在看到矛盾之处了吗?很多人都说他们想要富足，但是很少有人花时间仔细去想他们到底要什么，以及为什么要。"

有一个清楚的愿望还不够，你还必须看清自己。你必须找出你确实想要追求的目标，甚至连最细节的部分都要想清楚，只有有了明确的方向，思路清晰了，才有永恒的动力。所以，与其像苍蝇一样不停地撞向阻拦的玻璃，不如让我们停下来吧，好好看清自己，找到真正的自己，知道自己想要什么。只有完成了这个过程，我们才能放下彷徨，朝着正确的目标出发！

心灵许愿瓶

愿我们都能花一些时间，将自己的心路历程好好地总结，认真地看看自己是一个怎样的人，到底自己的目标在哪里，找到这个答案是背起行囊出发的重要前提，否则旅途只会毫无趣味。

2. 会做的去做，不会做的学着做

你正准备着手去做一件事，却发现双手陌生得很，不知道要怎么继续。你翻书、查资料、找人请教……恭喜你，这真是一个好的兆头。从学习开始，我们会渐渐变得得心应手，渐渐变得充实，也越来越自由。

我们每个人一定需要一种精神——一种支撑着一个人存活于世的生命支柱和力量源泉，一种能让我们变得更为理智也思考得更为深邃的力量，一种能让我们处于逆境而以积极态度坦然处之的心境，一种能让我们将生活的粗糙转化为能量和智慧的动力。而恰恰只有学习，能帮助我们获得这种力量。

学习有很多种途径，可以通过书本，可以通过老师，可以通过观察，可以通过思考。弗兰西斯·培根说：读史使人明智，读诗使人聪慧，演算使人精密，哲理使人深刻，道德使人高尚，逻辑修辞使人善辩。说的便是读书对于学习的意义。居里夫人说：不管一个人取得多么值得骄傲的成绩，都应该饮水思源，应当记住是自己的老师为他的成长播下最初的种子。说的是老师对于我们学习的影响。李四光说：观察是得到一切知识的首要步骤。说的是观察在学习中的重要性。《论语》中有“学而不思则罔，思而不学则殆”，说的是思考对于学习的意义。

不管我们以何种途径获得新的知识，都是一个长期并且艰难的过程。因为我们总是会不断遇到各种各样的问题，而先前十几年或几十年的学习并不能教会我们一种全面解决问题的方法。问题的层出不穷，警示着我们学习必须是不停止的。

在一所规模很大的大学毕业考试中，一群机械系大四学生准备参加他们的最后一场考试，他们兴奋地走进教室。当教授把考卷发下去时，学生们的脸上都呈现着充满信心的笑容，因为卷面上只有5个论述题。

可是，3个小时后，教授开始收集考卷。学生们不再有信心，他们脸上呈现的是苦恼的表情，教室里安静极了。教授端详着面前学生们担忧的脸，问道：“有几个人把5个问题全答完了？”没有人举手。“有几个答完了4个？”仍旧没有人举手。“3个？2个？”学生们在座位上不安起来。“那么1个呢？一定有人做完了1个吧？”全班学生仍然没有一个人回答。

教授放下手中的考卷说：“这正是我预期的。我只是要让你们印象深刻，即使你们已完成4年的本科教育，但仍旧有许多专业的问题你们不知道，而这些你们不能回答的问题，在以后日常操作中是普遍存在的。”全班同学安静地听着教授的讲话。“这个科目你们都会及格，但要记住，即使你们是大学毕业生，你们的学习也才刚刚开始。”

每一个专业领域都是如此，即使你完成了本专业的学习，在这个领域仍然有太多未知，更不用说我们在生活中所遇到的其他问题，技术上的、管理上的、情感上的、生活上的……几乎是从零开始。我们可能失败过、愚蠢过、幼稚过，但是这一切都很正常，没有人能处理好全部的事情，正因如此，我们才多么需要学习，以避免再次手足无措。

学习，不仅仅是为了解决问题，它还能让我们的生活变得更美好。

美国的老奶奶诺拉·奥克斯95岁大学毕业。她打破了吉尼斯世界纪录，成为世界上最年长的大学毕业生。奥克斯是一个大家庭的一家之长，她有3个儿子、13个孙子女和15个外孙子女。自从1972年与她携手走过39年婚姻的丈夫去世后，她开始在社区大学听课，之后她在很多所大学里都有听课的记录，并且有充足的时间完成课程。2004年秋天，奥克斯从她的农场里搬到100英里外的海斯堡州立大学的公寓里，为获得最终的历史专业的学位完成最后的30个课时。

在同学们眼中，奥克斯是一个聪慧、迷人、脚踏实地的学生。在学校里，她总是将白发挽成发髻、手提布袋书包，俨然是一个认真的学生。更有意思的是，她的毕业典礼是和21岁的孙女一起举行的。毕业后，奥克斯还经常去社区大学听更多的课，她甚至在游船上找了份工作，给游客们讲故事。

苏联著名作家高尔基也曾说："如果不想在世界上虚度一生，那就要学习一辈子。"学习对于一个90多岁的老太太来说，更是一种对待生活的积极态度，而这种态度与年龄无关。我们不需要这样一种积极的态度来优化我们的生活吗？

放轻松去学习吧，哪怕一分一秒钟，那是一种技能，也是一种心情，更是一种享受！

心灵许愿瓶

孔子曰："三人行，必有吾师焉。择其善者而从之，其不善者而改之。"任何时候，我们都可以抱着谦虚求教的态度从周围身边的人开始学，从手边不会做的事情开始学。"知之为知之，不知为不知，是知也"。学习本身就是一种莫大的智慧。

3. 在爬楼梯中步步接近梦想

选择一个合适的台阶，现在开始一步步地往上爬属于你的楼梯吧！别妄想"坐电梯"。"坐电梯"虽能让你很快地到达终点，但是你却错过了爬楼梯中最好的课程。只有一步步走过，才会明白成功不能一蹴而就，而需循序渐进。这个过程中挥洒的汗水、坚持的笑容、加油的心声，是比到达终点更宝贵的收获。

成功就像挂在高楼顶上的橄榄枝，你无法腾跃而上，更不知道这栋高楼到底有多高。唯一确保你能摘到橄榄枝的方法，就是在底层找个门进去，然后找到楼梯，一步一步往上走。

你可能花了很长的时间才摸索到入口在哪儿，然后又花了更长的时间找到楼梯口在哪儿，你以为你的付出足够多了，走上去一看，原来你才只到了第一层。

你可以不停地往上走，也可以走到半路停下来。在底层，你看到的是熙熙攘攘的人群；在中下层，你可以看见大树的顶端；在中层，你可以看见大鸟飞腾的翅膀；但是在高层，你看见的是少见的瑰丽云彩。

如果你还能迈动你的步伐，如果你还有力气可以向上，如果你还想看更好的风景，如果你仍然喜欢大汗淋漓的酣畅，如果你仍然期待每一次成功向上的喜悦，那么就请继续吧！向上，再向上，你总会有新的收获。

有一位公司白领，在高达25层的大楼里工作，每天面对的就是手边的电脑。偶尔下楼，也是电梯。时间久了，他腰酸背疼，浑身提不起一点力气。刚满26岁的年轻人不禁怀疑自己老了，失去了年轻人的活力。而他的同事们也有同样的感觉。

这时公司来了一位年轻的主管，他了解情况后，作出了一项令人出乎意料的决定：要求所有的员工每周至少有一天早上是爬楼梯上班，并且要实名登记。此言一出，引起了办公室的轰动，这项决定很刺激，年轻人不禁怀疑自己是不是能坚持下来。

第一天，年轻人发现只有少数人实践了这项决定。第二天，爬楼梯的人多了一些。第三，又多了一些。一个礼拜之后，办公室几乎所有的人都毅然放弃了电梯，选择了楼梯。在原先毫无特征的楼道上，出现了一行行用精美的字体刷上的标语。

1层：从现在开始，一步一个脚印，绝对不能不劳无获。

3层：告诉自己，加把劲，你还有同伴。

5层：高兴点，同样的事情，只有高兴地去做它，才能做好它。

7层：梦想再远，脚步也能到达。

9层：最好的做事方式，不是走捷径，而是不管多难都一点点地去完成它。

11层：没有人愿意偷懒，只不过他们缺乏诱人的目标，激发不出他们的干劲。

13层：人生有两种痛苦，一种是努力的痛苦，一种是后悔的痛苦，后者却大于前者千百倍。

15层：权威人士公告：每登一级台阶，将延长寿命7秒。

17层：我们今天最大的挑战是什么？找准它，击破它。

19层：如果向上，你很快就会尝到成功的快乐；如果消沉，你将离成功越来越远。

21层：当你感觉到坚持不住的时候，告诉自己再上两级。

23层：只要把最初的那点微不足道的“坚持”保留到底，任何人都会创造奇迹。

25层：恭喜你，此处25层，原来成功就是这么简单！

每天上下25层楼，再回到办公室里，空气都活跃了起来，大家的神情也生动鲜亮了，沉闷和疲劳也跑得无影无踪，此后没有人再去登记爬楼梯的人数，但是爬楼梯的人仍然不减。

或许，爬楼梯真的只是一个很小的动作，但是却能从根本上改善我们的心境。和这群爬楼梯上班的人一样，因为每天有向上的力量，所以不再疲惫、不再沉闷、不再懈怠。

有时你可能困惑，你不知道什么时候能到达出口，你歇息，不小心会迷路，会走弯路，会耽搁，会心生忧郁，如果你遇到了这样的情景，告诉自己没有关系。转圈的好处在于你以后不会再被同样的圈困住。迷路的好处在于你经历了其他的坎坷，这个过程可能对以后起着很重要的作用。

你不能请人将你抬上去，因为那样太危险。你不能一次跨多个台阶，因为那样容易跌倒。你更不能偷懒，爬了一段楼梯又去坐电梯，因为可能之后你会花更多的时间在省略的路程上。你可以借助的只有扶梯而已，如果你够幸运，会找到和你同样目标的同伴，那就是再好不过的事情了。最好的爬楼梯的方式，是保持坚定的步伐，保持愉快的心情，加把劲，再加把劲！

心灵许愿瓶

愿我们都能找准自己所在的台阶，也测量好自己的步伐，然后开始往上走吧！纵使同伴迟迟未出现，纵使没有刷在墙壁上的标语，我们也要学会给自己希望，给自己警醒，给自己力量。然后一步步地去体会坚持的快乐，去体会踏实向上的快乐。

4. 我不要廉价的，我要最好的

从最好的开始学，就是“弃其糟粕，取其精华”，就是要眼睛看着最高处，脚从最底下开始攀登。一个站在低处的人并不可怕，可怕的是站在低处却以为自己在高处。

有一位英国游客搭乘美国“密西西比号”客轮出游于波澜壮阔的密西西比河上，一路上美景不断，为了多获得一些客轮及密西西比河的知识，英国游客同这艘船的船长闲谈起来。他想先恭维一下船长的驾驶技术，然后再展开谈话就比较容易了。所以这名游客就主动问船长：“船长先生，您在这密西西比河航行了这么久，经验一定非常丰富，我想您对河中每一处浅滩都摸得很清楚了吧！”

的确，这位资历很老的船长在这条号称“老人河”的大河上已经航行了无数次，当然也在这条河上学到了不少教训，可是他的回答却很让这位游客大吃一惊，他说：“不，先生，这河里哪里是浅滩我并不完全清楚。”游客好奇地问：“那您为什么不去弄清楚呢？”“弄清楚全部的浅滩？那纯粹是在浪费时间。”船长回答。游客好奇地问：“您说什么？您说这是在浪费时间？假如您连哪里有浅滩都不知道，那您怎么能如此娴熟地领航呢？”船长像是根本没听到他的疑问一般，只重复了一遍刚才说过的话，然后接着说：“是的，弄清楚哪里有浅滩就是浪费时间。我为什么要在浅滩之间摸索呢？我只要知道深水在哪里，不就够了吗？”

船只领航最好的方式是寻找深水，浅滩区不过是在学习航行中为了避免危险而划分出来的区域罢了。但我们只会把船开进深水区，深水区才是船只活动的范围，又何必要花很多时间在并不怎么重要的区域呢？学习知识，甚至走过人生又何尝不是如此呢？我们的时间有限，能力有限，不可能全都去学习一遍，只要有了扎实的基础，就应当不再浪费时间。前人已经为我们留下了很多很好的学问，我们只管从最好的开始学！

且看《红楼梦》中黛玉教香菱作诗的场景：

香菱因笑道：“我这一进来了，也得了空儿，好歹教给我作诗，就是我的造化了！”黛玉笑道：“既要作诗，你就拜我作师。我虽不通，大略也还教得起你。”香菱笑道：“果然这样，我就拜你作师。你可不许腻烦的。”黛玉道：“什么难事，也值得去学！不过是起承转合，当中承转是两副对子，平声对仄声，虚的对实的，实的对虚的，若是果有了奇句，连平仄虚实不对都使得的。”香菱笑道：“怪道我常弄一本旧诗偷空儿看一两首，又有对的极工的，又有不对的，又听见说‘一三五不论，二四六分明’。看古人的诗上亦有顺的，亦有二四六上错了的，所以天天疑惑。如今听你一说，原来这些格调规矩竟是末事，只要词句新奇为上。”黛玉道：“正是这个道理，词句究竟还是末事，第一立意要紧。若意趣真了，连词句不用修饰，自是好的，这叫做‘不以词害意’。”香菱笑道：“我只爱陆放翁的诗‘重帘不卷留香久，古砚微凹聚墨多’，说的真有趣！”黛玉道：“断不可学这样的诗。你们因不知诗，所以见了这浅近的就爱，一入了这个格局，再学不出来的。你只听我说，你若真心要学，我这里有《王摩诘全集》你且把他的五言律读一百首，细心揣摩透熟了，然后再读一二百首老杜的七言律，次再李青莲的七言绝句读一二百首。肚子里先有了这三个人作了底子，然后再把陶渊明、应玚，谢、阮、庾、鲍等人的一看。你又是一个极聪敏伶俐的人，不用一年的工夫，不愁不是诗翁了！”香菱听了，笑道：“既这样，好姑娘，你就把这书给我拿出来，我带回去夜里念几首也是好的。”黛玉听说，便命紫娟将王右丞的五言律拿来，递与香菱，又道：“你只看有红圈的都是我选的，有一首念一首。不明白的问你姑娘，或者遇见我，我讲与你就是了。”

一般人学写诗，经常都是不加选择、囫囵吞枣，所谓“熟读唐诗三百首，不会写诗也会吟”，“读书破万卷，下笔如有神”，并且还非常讲究传统的韵律格局，可黛玉却不同。黛玉教香菱作诗，其中有 3 个重点：一是立意要紧；二是不可学不好的诗，否则一入了格局就学不出来了；三是好诗中再挑好诗读。所以她挑的诗人都是最有名的诗人，并且在这些诗人的集子里又画上红圈，挑精华的精华给香菱学，这便是从最好的开始学的道理。

只有从最好的开始学，才能提高自己的品位与鉴赏能力。就像香菱学诗，虽然刚开始并不能作出佳作，但是知道什么是好诗，就能以此为标准去练习。相反，如果什么都学，又不能辨其高低，便很容易落入俗套。

·心·灵许愿瓶

学习就要"眼高手低"，手低是手上功夫仍需随时磨砺，眼高代表心中有丘壑，知道什么样的作品是上品。只有眼高了，才能让自己的双手去攀登同样的高度。反之，只会满足于"手低眼低"还不自知。

5. 一个好的创意和一个糟糕的主意

你同时有一个好的点子和一个坏的点子，你是会为了修改那个坏的点子而放弃好的点子吗？你肯定会说"NO"，但是生活中我们常常会做这样的事，因为我们总是不愿意承认自己的缺点，并且急于掩饰这个缺点，导致我们没有时间没有精力去增强自己的优势。却不知一个好的创意和一个糟糕的主意，前者要重要得多！

一个人的优势和劣势同样如此，你必须看重自己的优势，将其发挥，并且想办法创造条件将劣势转为优势，才不会顾此失彼。

3个旅行者同时住进一个旅店。早上出门时，一个旅行者带了一把伞，另一个旅行者拿了一根拐杖，第三个旅行者什么也没有拿。晚上归来，拿伞的旅行者淋得浑身是水，拿拐杖的旅行者跌得浑身是伤，而第三个旅行者却安然无恙。于是，前面的两位旅行者很纳闷，问第三个旅行者："你怎么会没有事呢？"第三个旅行者没有回答，而是问拿伞的旅行者："你明明带了伞，为什么没有摔伤反而淋湿了呢？"

拿伞的旅行者说："当大雨来到的时候，我因为有了伞，就大胆地在雨中走，却不知怎么淋湿了。"

然后，他又问拿拐杖的旅行者："你明明拿了拐杖，为什么没有淋湿反而摔伤了呢？”

拿拐杖的旅行者说：“当大雨来临，我走在泥泞坎坷的路上时，我使用拐杖拄着走，却不知为什么常常摔跤。”

第三个旅行者听后笑了，说：“当大雨来临时我躲着走，当路不好时，我细心地走，所以我没有淋湿也没有摔伤。”

一个人天赋的优势是本有的，不需要花很多时间、精力就可以较长时间地拥有，因此一旦取得一些成绩，便容易忽略精进。但劣势是一个人的缺陷，一旦你没有办法将其转化为优势，你将会为之痛苦，继而花时间去掩盖，最终反而连优势也失去了。就好像第一个旅行者因为只有伞，没有拐杖，走得非常仔细，专拣平稳的地方走，所以没有摔伤，但也因为自己有伞，所以只顾及脚下的路，因此有伞反而被淋湿。第二个旅行者因为没有带雨伞，便拣能躲雨的地方走，所以没有淋湿，但也因为想着避雨，反而摔伤了，浪费了拐杖的作用。只有第三个旅行者，因为他知道自己既没有伞，也没有拐杖，所以必须小心再小心，既要避雨又要小心路滑，所以一路谨慎走下来，完好无损。而前两个旅行者恰恰败在不能权衡两者关系，忽视自己的优势上。

其实，在实际情况中，优势不一定就会给你带来好运，而劣势也不一定带来的都是坏事。矛盾双方在一定条件下能相互转化，优势和劣势也同样如此。正如刚才那两个旅行者的经历一样，优势反而成了劣势，而日本有个小男孩，恰恰是将劣势转化为了他独特的优势。

日本有一个10岁的小男孩一直很想学柔道，可是天不遂人愿，在拜师之前，一场车祸夺去了男孩的左臂。所有人都认为小男孩的梦将破灭了，男孩也遭到了很多柔道老师的拒绝，但是有一个柔道大师却不以为然，他决定收男孩为徒。

3个月的时间，男孩学得很认真，可是柔道大师只反复教男孩同一招，小男孩有点不安了，他问：“我是不是应该再学学其他招术?”师傅回答说：“不，你只需要学会这一招就够了。”

男孩不信，但也只能继续练习这一招。又是几个月过去了，师傅第一次带小男孩去参加比赛，没有想到居然轻轻松松地赢了前两轮，第三轮稍稍有点艰难，但对手还是很快就变得有些急躁，最后男孩又赢了。男孩不明白，为什么自己只用一招就可以击败这么多对手，他鼓起勇气道出了心里的疑问。师傅回答道：“有两个原因：第一，这一招是柔道中最难的一招，你已经将这一招练得很熟悉。第二，对付这一招唯一的办法是对手抓住你的左臂。”小男孩这才恍然大悟。

每个人在出生时，上天赋予他的禀赋不见得有多少；相反，在与旁人的对比中，你会发现你处处都是劣势，并且这些劣势不会自动消失。一个成功的人，一生会不断地努力把自己的劣势转化为自己的优势，就像无比强大的鲨鱼，之所以能变得这么强大，恰恰是因为它没有鳔，如果不在水里游动，它根本无法浮起来，所以它不像其他鱼类可以歇息，它只有不停地游，以保持自己在水里活下来。这个过程当然是痛苦的、艰难的，就像反复只练习一招的小男孩一样，他会疑惑，会感觉疲惫。但是只要你坚定地去做，你一定就会成为优势的创造者，这是自身最了不起的杰作！

心灵许愿瓶

愿我们都能准备一张纸，将纸折成两半，然后分别在两边写上自己的优点和缺点。记住，优点的那一边一定要时刻牢记着，并且想办法保持并精进。面对缺点的那一边，能转化的便要给自己机会去锻炼转化，不能转化的当然我们要能欣然接受，因为谁也不会是一个完美的人。

6. 做判断之前，必须先把事情搞明白

不管我们想要做什么，在动手前一定要先把面临的问题弄明白，事情的关键往往藏于表象的背后，从问题的关键入手，才能用最快的速度解决问题，否则只能徒劳无功或节外生枝，给自己带来不必要的麻烦。

一棵生长茂盛的树，在阳光下伸展着枝叶，路过的人都感叹说："多好的一棵树啊！安静地屹立在这儿，为人们遮风挡雨。"但是如果你真的了解树的生长过程，知道此刻它的根在努力地吸收水分，维管束在努力地输送养分，叶子在努力地吸收阳光进行光合作用，你就不会认为它是静止的。自然界的万物都是如此，在表象之后有容易被我们忽视的更复杂的真相。而我们的生活，比自然界复杂得多，也更需要我们的判断。

曾经有一个小男孩非常喜欢敲鼓，他不知疲倦地整天敲个不停。不管身旁的人怎么哄他劝他，他都不愿意停下来。很多人都想方设法让这个奇怪的小男孩停下这种折磨人的行为。

第一个人告诉男孩，如果他继续这样不停地敲鼓，他的耳膜会被震破。这个人是一个医生。但是这理由对于小男孩来说似乎有些无法理解，他只不过是个小学生，他根本不懂耳膜震破是怎么回事，更不明白自己的行为和耳膜有什么联系。

第二个人告诉男孩，敲鼓是一件很神圣的事情，只有在某些特殊的场合才可以。这个人是一个社会学家。男孩并不理睬他的话，很明显，也没将他的"忠告"听进去。

接着，第三个人给了小男孩一对耳罩，他想如果小男孩听不见了，

应该就不会敲了吧。第四个人给了小男孩一本书，他小时候可是个十足的书迷。第五个人给了小男孩一架玩具飞机，这是他小时候最喜欢的玩具。第六个人给了小男孩一双旱冰鞋，这可是他小时候最盼望的生日礼物。很遗憾，这些方法没有一个奏效的。

最后是一个智者，他给了小男孩一个锤子和一个凿子，说："我想看看鼓里面有什么东西。"小男孩有些疑惑，但仍然接过了锤子和凿子，在智者的指导下，"砰"的一声，鼓破了。小男孩显得有些意外，说道："原来应该使用锤子。"小男孩看着破开的鼓，嘟着小嘴继续说："我还以为这里面有什么好玩的东西呢，原来什么也没有。"然后将鼓扔在一旁跑开了。

众人一片愕然，原来让他停止敲鼓这么简单！

法国作家帕斯卡尔说：人只不过是一根苇草，是自然界最脆弱的东西，但它是一根最能思维的苇草。人虽不具有山崩海啸般的力量，但可以通过思考改变周围。在劝阻男孩停止敲鼓的大队中，除了智者，其他人都没有思考过男孩敲鼓的原因，都以自己所懂得的领域为中心去劝阻男孩，必定是要失败的。只有智者，站在男孩的角度去猜测他的心思，才找到了正确的方法。一位哲学家想把一头牛赶进牛栏，无论是他在前面使劲地拉，还是在后面狠狠地鞭打，牛就是死活不进栏。一位路过的农夫见了，笑着从地上扯了一把青草，放在牛的嘴前，牛就跟着农夫乖乖地走进了牛栏。这正是经过思考之后，寻得正确途径的结果。

善思考的人不会让大脑停滞生锈，从而想问题更灵活。善思考的人会在他们关注的问题上心细如尘，善于思考的人明白什么是要坚持的，什么是该放弃的。善思考的人能够从平凡中见伟大，善思考的人的言语行为中时时闪烁着智慧的光芒和人格的力量。

有一对年轻的美国夫妇，太太因难产而死留下一个婴儿。丈夫忙于农活，无法整天看着孩子，于是就训练了一只狗。那狗不仅温顺听话，而且能照顾小孩，孩子饿的时候，它会叼着奶瓶喂奶给孩子喝，男主人很欣慰，也很放心地把孩子放在家里。

这天，主人照例出门，叫狗照顾孩子。晚上，他遇到大风雪，无法当日赶回来。第二天当他走进家门时，发现屋子里到处是血，孩子不见了，床上满是血，狗在旁边满口也都是血。主人看到这种情形，认为是狗晚上狗性发作把孩子吃掉了，这可是他唯一的孩子。他无法抑制自己的愤怒，拿起柴刀就朝狗劈过去，狗呜咽了几声，倒在地上。男主人觉得气稍微消了，在悲伤中，他忽然听到床底下传来孩子的声音，他赶紧掀开床单，只见孩子好好地躺在地上，虽然身上有血，但并未受伤。他很奇怪，不知究竟是怎么一回事，再看看狗身上，发现狗的腿受伤了，一块肉被撕下来，里屋有一只已经死去的狼，口里还咬着狗的肉。主人这才明白，狗是为了保护孩子和狼进行了搏斗，可是自己却什么都没弄明白就将忠心护主的狗劈死了。

“行成于思而毁于随”，疏于思考，结果常常会在摔了跟头后埋怨，在碰了钉子后懊悔。缺乏思考造成的误会又总是借着缺乏耐心和体谅的心灵而扩大，最后“一失足成千古恨”。古人说“三思而行”就是这个道理。思考要经过沉淀，要深思熟虑，要经历一个漫长而枯燥的过程，思考得越深越透彻，执行起来就越容易，效果也就越明显。

如果解决任何事情有一个通用的法宝，那么一定就是先思考判断了。忘记你所看见的，忘记你所听到的，只有认真去思考、去判断，压制冲动，克服焦躁，才能在纷乱如麻的事物中找到解决的关键！

心灵许愿瓶

正如奥地利一位著名女作家说的那样：“只有思考的人才算真正经

历了生活，对于那些从不思考的人，生活只是与他们擦身而过。”没有经过思考而生活，我们就一直浮在生活的表面，所做的事所说的话都无法真正传达我们的本意。因此在做任何决定之前，不如让自己独处一会儿，给自己一些思考的时间去做判断。

7. 给自己下战书，与自己决战到底

你想要做什么？可能吗？不可能吗？不管你在心里已经将这个问题琢磨了多少遍，放掉这个问题，直接告诉自己：我一定行！并且一定要行！

曹子建七步成诗的故事我们从小就听过，我们在赞叹曹植的才华时，却往往忽略了当时的情势：曹植当时被押进朝廷，因母亲卞氏开口求情，才得了这个求生的机会。七步之内脱口一首诗，否则杀无赦。正是在这种情势下，曹植才写出了“本自同根生，相煎何太急?”的名句。

只有被逼，才能一改平日悠闲的心态；只有被逼，才会迅速分清轻重缓急；只有被逼，才会马上行动寻求突破；只有被逼，才会排除万难，无畏无惧。“背水一战”、“急中生智”、“绝处逢生”都是逼出来的。

一个女孩某一天突发奇想，要依靠自己的力量，在两年内购买一栋200多平方米的房子。对一个没有存款也没门路的女孩来说，这实在是一个不大可能实现的规划。她决定写一本畅销书，卖到100万本。她把这个点子告诉朋友，却换来一顿嘲笑。女孩想：别人做不到的，不代表我不能做到。况且要在两年内购买一栋200多平方米的房子，必须得逼

自己一下。

起初，女孩觉得自己的书适合女性看，于是她给女性集中的服装店、超级市场、美容院等地方的老板打电话，并向别人推销自己的书。她在电话里说："我将寄一本样书给你，请你好好看看，一个礼拜之后，我会再打电话给你。"一个礼拜之后，她再打电话问："你看过我的书没有？你准备订购5000本还是一万本？"对方说："你可能不了解，我们这里从来没有订过任何一本书超过2500本。"女孩说："过去等不等于未来？"对方说："不等于。""所以总有一个开始，你准备订购5000本还是一万本？"对方说："那……我订4000本好了。"第一笔生意就这样成交了。之后，女孩又打电话给下一个老板，同样地，她凭借自己的口才和气势说服了对方。

之后，女孩尝试着将自己的书推销给全是男同胞的办公室。对方告诉女孩："我们这里的人是不会有兴趣的，我们这里都是男人，你不可能在我们这个地方销售任何书。"女孩问："请问你上司是谁？""不，我上司也不可能买！"她说："把这本书交给你上司，我下个礼拜打电话找你上司，我不找你了。"结果一个礼拜之后，对方打电话来说："我的上司说，我们决定订购4000本。"因为他的上司是女的。就这样，依靠不屈不挠的信念，女孩的书就这样卖出去了。两年下来，早已超过100万本的销量。

如果不是那一个看起来不切实际的愿望逼迫着女孩，她也无法全靠自己的努力将自己的书卖到100万本，这几乎是一个奇迹，但是她做到了。她另辟路径，逼迫着自己去实现了！

有人说过，我们最大的悲剧不是遭遇地震、不是遭遇战争，而是千千万万的人生活着然后死去，从未意识到他们身上的巨大潜能。确实，发掘自己的潜能并非易事，若无一夜寒彻骨，哪有梅花扑鼻香。想要凝聚香气，必须忍受整夜的冰寒，想要成蝶必须忍受破茧的伤痛，想要重生必须要经历涅槃的艰辛。然而，我们自己从来不会主动去遭遇这些艰辛。所以，逼自己一下，挑战自己，并非所有人都能做到。但凡是能做到这一点的，必然能完成一般人所不能完成的事情。

有一个老人在山里打柴时拾到一只很小的怪鸟，那只怪鸟看起来和刚满月的小鸡一样大小，并且它和小鸡一样不会飞。老人把这只怪鸟放在小鸡群里，充当母鸡的孩子，让母鸡养育着。母鸡没有发现这个异类，全权负起一个母亲的责任。怪鸟一天天长大了，后来人们发现那只怪鸟竟是一只鹰，人们担心鹰再长大一些会吃鸡。

为了保护鸡，大家一致强烈要求：要么杀了那只鹰，要么将它放生，让它永远也别回来。因为关乎一条生命，他们决定将鹰放生，让它回归大自然。然而他们用了许多办法都无法让那只鹰重返大自然，他们把鹰带到很远的地方放生，过不了几天那只鹰又飞回来了，他们驱赶它不让它进家门，那只鹰就一直徘徊在门口……试过了各种办法都不奏效，原来鹰眷恋它从小长大的家园，舍不得那个温暖舒适的窝。

后来老人说：把鹰交给我吧，我保证它永远不再回来。老人将鹰带到附近一个最陡峭的悬崖绝壁旁，然后将鹰狠狠向悬崖下的深涧扔去。那只鹰开始如石头般向下坠去，然而快要到涧底时它终于展开双翅托住了身体，开始缓缓滑翔，然后轻轻拍了拍翅膀，飞向蔚蓝的天空，越飞越高，越飞越远，渐渐变成了一个小黑点，再也没有回来。

其实，我们每个人都像那只鹰一样，总是会对现有的生活有许多不忍放弃的东西，即使你恨自己这样，却始终没办法改变。只有将自己放在悬崖边上，才会催生奇迹。

有一个人，30 岁之前，欠下了巨额债务，为了还债，他在 30 岁之后发疯似的写作。在后来的 20 年内，他创造了 100 多部小说，其中的

《人间喜剧》、《高老头》等数十篇小说成为传世之作。他就是法国著名的作家巴尔扎克。从一个平庸作家成为著名作家，债务的悬崖是他的动力。

勇敢一次吧，将自己也放到悬崖边上去吧，豁出去，去冒险一次，去奋斗一次，去为了渴望战斗一次！

心灵许愿瓶

你真的尽力了吗？真的使用了全部的办法了吗？不，你顾及这个又顾及那个，还有很多机会没有去尝试。

试着去改变这种做事的方法吧，哪怕多用一种或两种方法也好，不逼自己一下，你永远不知道自己可以做得这么好。

第三章 珍惜剧中的每一份默契

一场电影，永远都不会只你一个人存在。无论孰轻孰重，跌宕起伏的情节一定离不开一群同生死共患难的角色。友谊是一把伞，共同支撑着才能躲避风雨。在这把人人都需要的大伞下，又总是不可避免地存在着矛盾，一方面我们需要表达自我，另一方面我们又需要维系感情，在这种矛盾下，唯有谅解、宽容和信任才能化解。要知道，世界上最完美的人也会有令人愤然的缺点，世界上最愚笨的人也有让人心生爱怜的优点。

1. 我是团体中的一员

你可以做很多事情，并且做得很好。你甚至可以创作完全没有别人参与的电影，并且还很精彩。作为个体，你是强大的。

但是相比众人相助相陪的电影，独自的电影一定缺少了些什么，比如一双手紧握另一双手的温暖，一个眼神回应另一个眼神的默契，一颗心对另一颗心的赤诚。

让我们重新去检视自己的周围吧，你还准备孤军作战吗？

一个哲人曾说：你手上有一个苹果，我手上也有一个苹果，两个苹果交换后，每人仍然只有一个苹果。但是，如果你有一种能力，我也有一种能力，两人交换的结果就不再是一种能力了。在专业化分工越来越细、竞争日益激烈的现代社会，靠一个人的力量再也无法面对千头万绪的工作，如果你想获得意想不到的效果，只有将自己融入团体中。融入团体中，一加一就不再等于二了，而可能是一加一等于三、等于四、等于五……据统计，诺贝尔获奖项目中，因协作获奖的占三分之二以上。在诺贝尔奖设立的前25年，合作奖占41%，而现在则跃居80%。为了证明团体的力量大大超过个体的力量，英国的科学家做了这样一个实验：

他把一盘点燃的蚊香丢进了蚁巢里。刚开始巢中的蚂蚁惊慌万状，过了十几分钟后，便有蚂蚁向火冲去，对着点燃的蚊香喷射自己的蚁酸。由于一只蚂蚁的蚁酸量十分有限，很快许多“勇士”便葬身火海。但是“勇士”们的牺牲并没有吓退蚁群，更多的蚂蚁投入“战斗”之中，几分钟便将火扑灭了。过了一段时间，这位科学家又将一支点燃的蜡烛放到了那个蚁巢里。这一次的“火灾”更大，但是蚂蚁们已经有了上一次的经验，它们很快团结在一起，扑火的时候有条不紊，不到一分钟，烛火便被扑灭了，也不再有蚂蚁“殉职”。

从实验中可以看出，个体的力量是很有限的，而团队的力量则可以实现个人难以达成的目标。作为一个集体，不是简单地交流，或者一起做事便可，集体的核心是无私和奉献，只有拥有这种品质的人，才能真正算是一个团队。就像蚂蚁队伍中的“战士”们一样，需要的是一种无私的精神。除了蚂蚁，大雁们也深知团队的力量。科学家发现，大雁在飞行时都呈V型，为首的雁在前面开路，用这种形式飞行要比单独飞行多出12%的距离，并且这些雁飞行时定期变换领导者。在飞行中，队列后面的大雁还会鸣叫着鼓励前面的同伴保持速度，这正是团队的无私。

在团队中，鲜花和掌声常常不能均等地分给所有成员，这时所需要的就是作为一个团队所拥有的奉献精神。第一次登陆月球的太空人有两位，一个是阿姆斯特朗，另一位是奥尔德林。在庆祝登陆月球成功的记者招待会上，一个记者突然问了奥尔德林一个很特别的问题："阿姆斯特朗先下去，成了登陆月球的第一个人，你会不会觉得有点遗憾?"在全场的人有点尴尬的注目下，奥尔德林回答："各位千万别忘了，我可是由别的星球来到地球的第一个人。"顿时，会场响起热烈的掌声。

不仅仅在事业上我们需要团队，而且在生活上我们同样需要团队。据调查，越来越多的人喜欢宅在家里，吃饭靠外卖，购物靠网络，社交靠手机，完全没有"团队"的意识，因此人们也越来越孤单。

其实我们都需要朋友，我们也不必四处去寻找可以依靠的"队伍"，我们的周围邻居就是生活中的"团队"。一项对城市邻里关系的调查结果显示：22%的被调查者根本不认识自己的邻居，45%的人只是偶尔和邻居见面打个招呼，77%的人不太了解邻居家成员情况，63%的人和邻居关系一般，57.7%的人没有帮助过邻居。这些数据显示的正是我们孤独的灵魂。其实，要成为一个团体并不难，比如你在有困难的时候，邻居给了你关照，比如你搬新家，邻居送来了煮熟的鸡蛋，你们就可以成为一个生活的团队了，可以相互关照。

有一个人装扮成魔术师的样子来到一个村庄，他对村里的每一个人说："我有一颗神奇的汤石，只要将它放入沸腾的水中，水就会变成美味的汤。"村里的人半信半疑，于是这个魔术师请人找来了一口大锅，又提了一桶水，架上炉子和木柴，在广场上煮了起来。他很小心地把汤石放入滚烫的锅中，然后用汤匙尝了一口，兴奋地说："太美味了，如果再加入一点盐就更好了。”于是有人冲回家拿了一些盐。魔术师又尝了一口说：“太棒了，如果再放些酱油就更香了。”又一个妇人快速回家端来了酱油。“再有一些蔬菜就完美无缺了。”魔术师又建议道。在魔术师的指挥下，有人拿来了洋葱，有人拿来了肉酱还有其他材料。当大家一人一碗蹲围在锅边享用时，他们发现这真是天底下最美味好喝的汤。

其实，那块汤石不过是魔术师在路边随手捡到的一颗石头。因为有了众人的贡献，一锅白开水才变成了一锅美味的汤。在现实生活里，我们需要的就是拿出心里的那颗“汤石”。

心灵许愿瓶

还等什么呢？你的“孤军奋战”可以结束了。为自己在生活中创造一个团队吧，用你的关爱，用你的热情。在工作上，也用无私奉献的态度去融入你的集体吧！你会发现，生活慢慢地在变化，它变得更浓、更热烈、更美味。

2. 找对标杆，就找到了踏实

当你觉得困惑的时候，你一定需要一盏能照亮前路的灯。当你辨不清方向的时候，你一定需要一枚能指明南北的指南针。当你需要依靠的时候，你一定需要一根标杆，能让你靠一靠，给你继续往前的力量。

看看周围谁是你的指南针，谁是你的照明灯？去找到他们，虚心求教吧！

在一个居民住宅楼里，大家都把垃圾倒在巷口的空地上，巷子整天都是臭气熏天。后来，环卫部门在这里建了个垃圾箱，但问题并没得到解决，有些人离垃圾箱几步远便将垃圾顺手一扔，垃圾箱周围仍然散乱地堆满了脏物。

为了解决这个问题，有人在墙上写了一行标语：请上前几步倒垃圾！措词很和善，可是没用，乱倒垃圾的现象依旧。一天，人们发现墙上的字改了：禁止乱倒垃圾！态度严肃了，可是情况仍未有好转。于是墙上的字换成了：乱倒垃圾者罚款100元！口气变得很威严，可还是没人理睬，依然乱倒，依然狼藉。

直到有一天，有一个老人住进了这栋楼。这个老人是一个年届花甲的普通老人，而且是个盲人。自从他和老伴儿住进来之后，每天早晨他要做的第一件事，就是出门走30米去倒垃圾，并且每次都摸索着将垃圾放进垃圾箱，一旦没放进去他又会继续摸索着重放。于是，一切都改变了，标语没了，垃圾也都进了垃圾箱。

和善的语言也好，威严的语言也罢，都不及一个榜样有力。很多生活的习惯和行为就是这样形成的。当你身处在一个和善的环境时，你的心自然也变得和善起来。当你在浮躁的人群中做事时，一般心情也会变得浮躁起来，这是周围的人对我们的影响。

影响存在好坏之分，既然如此，我们为什么不自己选择呢？中国自古就有见贤思齐的说法，认为榜样的力量可以催人奋进。选择一个好的榜样，当觉得失意时，榜样的存在会让我们奋进，给我们信心和勇气；选择一个好的榜样，当觉得想要退缩时，榜样的存在会驱散我们的懒散和依赖，给我们继续前行的力量；选择一个好的榜样，当你觉得沮丧时，榜样的存在会促使我们自励，给我们动力和方向。

他或许不会是什么惊天动地的人物，也谈不上获过什么嘉奖，他或许就是我们身边最平凡的一个，在你发现他之前，觉得他并没什么特别的，但是只要你细心观察，便会发现他的身上有些你不具备但是又非常吸引你的特质。

我们的身边并不缺少榜样，甚至可以说我们经常都生活在榜样的“束缚”中。要找准自己的标杆，并非易事，某人学业有成，他就会被人当作标杆竖立在你的面前；某人官运亨通，他就会变成一种成功的参考；某人财路发达，他就会变成一面旗帜。他们获得的羡慕、夸奖，对我们正是一种迷惑与束缚，因此在标杆林立的时代，我们不禁要多问一句，我需要的到底是怎样的榜样？

有一个以跑市场为工作的年轻人，总是抱怨自己工作太累，脚都酸了。有一天，他有幸结识了一个在山区工作的邮递员，两人坐在一起聊自己的工作。年轻人说，自己每天从早上9点到下午5点，一直辗转在各个卖场，夏天炎热，冬天冰冻，没有休息日，一年下来早就吃不消了。然后他问邮递员工作如何。邮递员轻描淡写地说，他在山区总是走同一条路，一个月28天，送1000多份信件。遇到的是群山沟壑、深水险滩，有时还会遇到匪徒，现在他已经干了10年，行程13万多公里，相当于围绕地球3圈。听完邮递员的话，年轻人肃然起敬，从此他再也不抱怨了。

从邮递员身上，年轻人学到的是坚韧的品质，也由此引起了反思，这就是最好的榜样。相比邮递员遇到的困难，年轻人遇到的根本不算什么。也因此，他学会了如何更好地面对工作、面对生活。是的，在榜样身上，我们看到的往往不是成功的案例，而是生活在这个世界上的美好和意义。真正的榜样不是教我们如何去做的工匠，更不会是某种标准，而应该是教会我们如何去思考去努力的人。相比人生的坐标，他更像一个有趣的向导，带给我们的不是某个明确的方向，而是一路的朝气和参考。他就像空气里的力量因子，能给我们心灵一次次的振奋。

心灵许愿瓶

无论你的朋友圈子有多大，真正影响你的、驱动你的通常情况下只有四五个人而已，他们中的某些人更有可能影响你的一生。也正是如此，在不同的人身上寻找我们需要学习的东西，而不是一味地追求和他们一样的方式、一样的价值观。能做到这一点，榜样才是起到了榜样的作用。愿我们细心、虚心，找到自己的标杆，然后参照着走向更远。

3. 谁是你最后关头的援兵

在电影里，经常会出现这样的画面：最后关乎生命的紧急时刻，总有人会站出来成为援兵，然后化险为夷。在生活里，可能我们不会常有这样生死紧要的情境，但是当我们遭遇事业或生活的困境时，我们同样需要援兵。

在最困难的时候，你有几个最后关头的援兵？谁会为你铺一条退路让你安全撤退？

明朝冯梦龙《古今小说》里记载着这样一个故事：春秋时期有两个燕国人，分别叫羊角哀和左伯桃，他们是生死与共的朋友。有一天，他们听说楚王招纳天下贤士，于是相伴同去楚国求官。当羊、左二人同行至燕楚古道时，天降大雨雪，如果两人继续同往不是被饿死就是被冻死。于是左伯桃便将所带干粮、衣物全交与羊角哀，让他独自赴楚，自己则出走躲避羊角哀，最后冻死于树洞中。羊角哀到了楚国，位至上大夫，将此事禀告楚王。楚王听后很受感动，便下令礼葬了左伯桃。羊角哀在一旁守墓。

左伯桃的坟和荆轲墓相隔不远，相传荆轲因刺秦王不中，死后精灵不散，见左伯桃葬在他的旁边，便起了纠纷。一夜，羊角哀梦见左伯桃遍体鳞伤而来，诉说荆轲的凶暴……羊角哀醒来之后，提剑到左伯桃坟前说道："荆轲可恶，吾兄一人打不过他，让小弟来帮你的忙罢！"说罢，自刎而死。

站在今人的角度上，或许有人会说他们太傻，早知如此，还不如不求功名只求知己。可是将这个故事放到现代，仍然具有现实意义。现实中，我们不也和羊、左二人一样吗？会一起去追寻自己的梦想，会不顾艰辛地去努力，一样都会遇到困难，一样都会需要帮助。只是那个愿意用自己的全部力量来助你圆梦的人是谁？

伯牙与子期，音声相和。"巍巍乎志在高山，洋洋乎志在流水"，没有功利和世俗，只有对阳春白雪的陶醉。管仲与鲍叔牙，百里奚与蹇叔，都没有名利和权势的相争，只有对彼此的谅解与欣赏。而你呢，是否也有一个可以与你音声相合、志同道合的人？是否也有一个对你贫贱不移、一心相助的人？

他或许是你最亲的人，或许是你最爱的人，或许是你的朋友，总之因为这个人的存在，你才可以无后顾之忧。因为你知道，即使再困难，也会有一个人在背后支撑着你，他会为你撑到最后。为你他愿意散尽家财，为你他愿意与众为敌，为你他愿意放弃他的名誉地位，为你他愿意抛弃眼前。

平常，他可能看起来并不那么在意你的想法，也并不会支持你所有的举动，甚至他可能看起来像是在故意与你作对，只有在你最无助的时候，他才会突然跳出来帮你渡过难关。

科特和米格是好朋友。科特有一架自己的飞机，有一天，两人驾着飞机飞过一个海峡。忽然，科特发现飞机上的燃料不多了，估计是油箱漏油了。科特将这个消息告诉米格后，米格一阵惊慌，科特安慰他："没关系，我们有降落伞！"说着，他将操纵杆交给米格，走向机尾拿来了降落伞，又在米格身边放了一个降落伞袋，然后说："米格，我的好兄弟，我先跳，你先开好飞机，在适当的时候再跳吧！"说完他跳了下去。这时，仪表显示燃料已尽，飞机靠滑翔无力地向前飞。米格决定也跳下去，可是他发现降落伞包里没有降落伞，是一包科特的旧衣服！米格咬牙大骂科特背叛了他！飞机无力地朝前飞着，就在米格彻底绝望时，一片海岸出现在眼前。飞机贴着海面冲过去，"嗵"的一声撞落在松软的海滩上，米格获救了。

米格回到家中的第一件事就是拎着那个装着旧衣服的伞包来到科特的家门外，他要找科特算账，却不料科特根本不在家。在疑惑中，米格翻开那个装着旧衣服的包，发现了里面的纸条：

"米格，没油的飞机已经不堪重负，会很快坠海。我先跳下后，飞机减轻了重量，肯定能滑翔过去……你就大胆地向前开吧！"

知道了真相的米格一定会因为自己曾经的埋怨而深深自责，因为只有真正的朋友才会宁愿舍弃自己的生命，将仅有的一点生的希望留给对方。

或者，你从来没有去想过这个问题，因为你一直都是很顺利的，你从未想过自己有一天会需要另一个人来救援、来保护自己。

走过了今天，就让我们都静下心来，好好为自己找找这个人吧。想想在你发牢骚的时候，是谁在耐心地听你说；想想在你心情不好时，是谁在关心着你；想想在你做错事时，是谁包容了你；想想在你孤单的时候，是谁默默陪着你，或许你能循着这样的线索慢慢找到答案。

心灵许愿瓶

愿我们都能珍惜身边这样的“最后关头援兵”，他们就是我们在这个世界上的保护神，是我们一辈子最宝贵的私有财产。在关键时刻，他们比你拥有的任何东西都要重要。所以感慨什么呢？其实幸福一直都在我们身边。

4. 你有多少友情客串

作为友情客串，他不是你生活中的主角，也不会经常出现在你的电影里。作为友情客串，他轻轻地走进又温和地走出；作为友情客串，你不知道什么时候他会出现，给你带来怎样的惊喜；作为友情客串，在老去时躺在摇椅上回忆起来是可以微笑的。

你有多少友情客串？相比最后关头救援，他们更像是意外之喜，当你需要他们的时候，他们便出现在你身边，无条件地为你的电影带来弥足珍贵的画面。

他不是常围在你身边的朋友，但在你需要的时候，他就适时地出现了。他更像一杯只适合在此刻饮的酒，清香味浓；像一场只下在某个季节的雨，细腻诗意；像是一篇散文中的几个不经意的句子，意味深长；像一个彩霞满天的黄昏，携手是缘。

在一家“老人疗养中心”，有这样两位老妇人，一个因为车祸失去了左手，一个因为疾病失去了右手。但是意外的是，两个人都曾是乐队的成员，两个人都喜欢弹钢琴。在疗养院的音乐室，她们相遇了。在她们相遇之前，她们早就通过护士听说了彼此，两人看着对方的手，便知道生命在她们的晚年仍然眷顾了她们。

于是，谁也没说话，两人并肩坐在钢琴前的长椅上。琴键上出现了两只健全的手，这两只手流畅协调且很有节奏感地在键盘上跳动，右手弹主旋律，左手弹伴奏曲。她们俩成为了疗养院最美的图画。

她们同在一个城市里，都是学习钢琴的，几十年都没有遇到，却在这样特殊的时刻相遇了。她们的相识无关事业无关家庭，只是因为在这样恰当的时刻，好像注定一般地相遇，只为了给对方心灵的慰藉。

在茫茫人海中，能够相遇，能够走到一起，彼此相互认识，就是最好的缘分。这种缘分，恰似小溪与青山的相遇，风与帆船的相遇，清泉与石子的相遇；因为有了这意外的相遇，我们充满忧虑的内心才会如同新生；因为有了这意外的相遇，我们长满茧子的双手才会获得安慰。这种心灵的感应中，彼此的一颦一笑、一个背影、一举一动、一个回眸都会成为最美好的图画。在这图画里，有欢歌笑语，有情意款款，有如痴如醉，有痛快淋漓。

一个寻常的放学时间，男孩看见一个女孩抱着一摞厚厚的书埋着头往校外走，好像还在流着眼泪。男孩想：“为什么要把所有书都带回家呢？她一定是考试没考好，回家恶补的。”

恶作剧般的，男孩跟着女孩一路走，发现她竟然和自己同路。于是男孩主动搭讪，帮女孩抱书，又递给了她纸巾。女孩没有拒绝，也没有说话。

分手的时候，男孩约女孩明天一起放学，并且告诉她明天他仍然会帮她抱书，女孩点点头就走了。

第二天，男孩果然看到了女孩。之后，两人经常会碰面，成为了好朋友。很久之后的一天，女孩讲起了他们相遇那天的事。男孩惊讶地睁大了眼睛。原来那天女孩原本是打算自杀的！她觉得整个学校里没有人关心她，父母也只在乎她的成绩，她觉得这样生活一点儿趣味都没有。所以她整理了所有的书，也写了遗书，准备回家后便和这个世界告别。可是没想到遇到了男孩，男孩的热情和开朗打动了她，让她放弃了求死的念头。

作为一个陌生人，男孩的“突然出现”打扰了女孩的“计划”，也意外地帮助女孩渡过了难关。或许这就是上天给我们的安排，会让我们在特殊的时刻遇到一个特殊的朋友，不管他饰演的是什么角色，总是有其意义。就像是阴暗的天空突然飘来的一朵流云，干枯的河流突然注入的清泉，清冷中突然飘来的阵阵花香，寂寞中传来的一曲袅袅之音。

愿我们都不会拒绝这样的“客串”，也不会拒绝当这样一个“客串”。不要低估任何人对你产生的影响，也不要低估自己的行为对对方产生的力量。也许你一个小小的举动就可能改变另一个人的命运，当他飞翔的翅膀折断时，你的一个笑容或许就能带动他能量的恢复；在他登高时，你的安慰就是扶梯；当他受伤时，你的出现就是一剂良药；当他口渴时，你的出现就是一碗清水。

也许上天让我们每个人生活在群体中，每天去面对不同的生命，与不同的生命发生各种关系，就是为了让我们以某种方式去影响另一个生命，也好让别人能以某种方式影响着我们的人生。而我们又何不好好地接受这样的馈赠，也将自己宝贵的一部分馈赠给别人呢？

心灵许愿瓶

你们一起打着伞在雨中漫步，一起骑了车在路上飞驰，一起沉溺于球馆，一起徘徊于商店，一起悲伤地哭过一场……就是那么一次便是永恒。就让我们都学会珍惜这样的“客串”吧，也让我们去“客串”别人的电影。

5. 即使是路人甲，也能成为出色的群众演员

他们是你电影里的路人甲，他们没有什么出彩的情节，没有特别指导的动作，甚至连一句台词都没有，可是他们却在你的电影里，作为一个路人留下了他们的点滴。

他们是生命中的过客，与你发生的是美丽的事件。就站在那里呼吸春风的芳菲吧，让那陌生的笑容如风轻踏步履正奔向我们灵魂的深处……

如果说，美好的爱情是可遇不可求的，那么友情可算是俯拾即是了。萍水相逢，因为一场雨，一个温暖的眼神，便是一场友谊；举手之劳，因为一个小举动，一句感激，便可成为友谊。正如花儿需要阳光的照射一样，我们的内心也需要一种温暖。友谊就是在这种渴望中建立起来的。如果说，深刻的友谊需要经过很长时间的了解才能确定，那么一

场友谊的开始一定只需要一次见面、一个简单的手势、一句寻常的问候、一个善意的举动。

某个城市消防支队有个战士原本是个英俊的男子，在一次救火战斗中，他被烈火严重烧伤，面目全非，在医院里躺了七天七夜神志才清醒过来。当他从镜子里看到自己的面孔时，他失去了生活下去的勇气和信心。

一日清晨，他起床时发现床头上放着一枚红色的枫叶，叶面上挂满露珠，充满了自然的新鲜，让他周身随之振奋了一下。第二天、第三天……以后接连几天的清晨，他的床头上总有一枚红色的枫叶，他很高兴，感到红枫叶给他带来了无限的生机。

男子一边充分吸收着生命的养分，一边猜测对方是谁。终于有一天，一张纸条和红枫叶一起送来：绿色的枫叶象征生命的朝气，可是我却觉得红色的枫叶经过了血与火的洗礼，更显生命的成熟。

从此，这名男子重拾了信心，虽然直到出院，他都不知道对方是谁。

即使永远不知道对方是谁，这名男子也一定会终身记得那几枚火红的枫叶及那几句激励他的话语，甚至这个“路人甲”在他心中的分量会超过身边很多朋友。因为在这样糟糕的际遇中，有伤痛、有挣扎、有绝望，而唯有枫叶带来了生机，带来了希望，带来了美丽，带来了力量。如果将这名男子的一生比作一首音乐，这名“路人甲”一定是一个美丽动听的音符。

不要哀叹生活给了你黑暗，其实在同时或稍后，也常常会给我们点燃光明的工具，只是看我们有没有察觉到和把握住。这些偶然迸出来的美丽之音，不仅仅能给人温暖，发人深醒，也常常会改变我们的生活，使我们的生活放射出更多光彩。即使是在很多年后，陌生人的善意与真情还会那么清晰真切，如同云朵不经意间带来的天空的柔美，会让我们恒久地记得并且回忆时会心微笑，这是一种多么幸福的相遇！

有一个年轻人，只是一个大城市里的普通打工仔，工资不高，蜗居在黑暗的小单元房里。一天忙下来，他便躺在黑暗的房子里抽烟。

有一天傍晚，他照例回到家，躺在房子里，突然听到阳台的方向传来孩子的笑声。他凝神细听，原来是楼上阳台传来的。过了一会儿，一串绿色的藤蔓突然从楼上垂直而下，年轻人抬头一看，原来楼上的人家正在给阳台上的植物搭棚牵蔓，不知为何会把一束绿枝选择往下垂。这时，一个小女孩露出头来，朝楼下的年轻人喊："叔叔，这是我送给你的。"她脸上是甜甜的笑容。

这时一位妇人扔下来一根长毛线，示意年轻人把一端系在阳台上，然后小心地将藤缠绕在毛线上。年轻人恍然大悟，又很快迟疑了："我这里没有阳光，藤蔓不会往下长的。"妇人说："所以，我们才需要用这根线来给它引路啊！"

从此，年轻人开始变了，他给蜗居的房子里装了明亮的灯，把屋子打扫干净，并等候那一束绿色的藤蔓一点点地攀爬下来。而他的工作也因为态度的改变而越来越出色。

其实，生活中的阳光很多很多，它在一个人的微笑里，在一段文字里，在一个温暖的故事里，在一盆植物里，在天空中的云朵里，在夜幕降临时的灯火里……你无须知道对方从哪里来，到哪里去，我们只是相逢在人生的旅途中，只要擦肩而过之后便不再感到冷漠，不必用过多语言来解释，就让这种美好的感觉流淌，如同风微微吹过树叶，雨轻轻打湿小草般自然，最终化作一束无形的阳光穿枝拂叶照耀而来，关键是你是否愿意让那些阳光顺着指引爬进你的心房？你是否愿意让这些温暖汇集起来给你的电影多增添一份光与影的奇妙旅程？

心灵许愿瓶

人人都在匆匆忙忙、寻寻觅觅，也许我们真的走得太快了，灵魂还没有跟上来。我们应该停下来想一想，有许多萍水相逢或者举手之劳的友谊，为什么我们不积少成多地加以享用呢？为了那些善良的眼睛、那些温暖的笑容，好好地去珍惜这份善意吧，也将自己的善意传播出去。

6. 真正的友谊永远不会拒你于千里之外

在一场电影的准备工作里，你免不了会和你的伙伴有不同意见，也免不了会与他们有争执。有人说，友谊一旦破裂，就算修复了也会有一道裂缝。然而，真正的友谊不会因为曾经的破碎而不再如初，也不会拒你于千里之外。

相信吗？有人会因为这种“破碎”而更加珍惜这段友情，而这段友谊也会因为曾经“破碎”而更加有意义、更加完满。

德国有句谚语，友谊需要忠诚去播种，需要热情去灌溉，需要原则去培养，需要谅解去护理。我们往往只做到第一步，或第二步，在友谊走到第四步，即需要谅解的时候，就过早地破裂了。真正的友谊，不会因为世俗的观念而改变，不会因为一些小事而产生隔阂，更不会因为一些误会而分离。

王力先生与朱自清先生是挚友，共同执教于清华大学、西南联合大学长达14年之久，相知有素，交谊殊深。两人的故事在《王力传》和《朱自清日记》中都有着详细的描写。但是这两人也曾出现过矛盾。

1932年7月，朱自清结束了为期一年的欧洲游历，回国后担任清华大学中文系主任之职。留学欧洲的王力受聘为清华大学中文系专任讲师。按清华大学的惯例，专任讲师两年便可升任教授，可是两年后，王力手中的聘书还是专任讲师。王力不服气，便到办公室质问朱自清为什么不升他为教授，朱自清笑而不答，浇了他一盆凉水，王力努力克制自己才没有出现大纠纷。

回到家中，王力开始反省自己，终于想到可能是自己当初在法国留学时，因为缺钱就以翻译法国文学作品来卖文维持生活。回国任教之余，自己仍不乐意写那正经八百的学术论文论著，反而继续花时间去写抒发性情的短文章和翻译法国文艺作品，颇有"不务正业"的味道！于是，王力集中精力发愤研究汉语语法，写出一篇《中国文法学初探》的高质量论文，果然得到朱自清的赞赏，王力也因此对朱自清的严谨产生敬佩。

之后，按照清华惯例，教授每5年可申请休假一年。王力自入校以来已经符合条件，并且也有休假的意思，无奈朱自清不同意批假。王力觉得很无奈，但也没有埋怨。之后校长告诉他，因为语言文字课程大部分由王力一人担任，他一旦休假，课程安排不过来，所以朱自清让王力延期休假一年。王力知道了原因后，明白朱自清是以教学为前提，对他更加敬佩。

王力与朱自清之所以后来能成为挚友，完全是被彼此的学识和严谨的治学态度所吸引。朱自清对王力，不会因为是朋友而有私心；王力对朱自清，不会因为被拒绝而心怀芥蒂，这才是真正的友谊。真正的友谊是不管你在哪里只要想起仍然觉得可以信任可以依靠的感情；真正的友谊是不害怕去掉世俗的面具真实以待的感情；真正的友谊是不会将私心藏于其中，更不会加以利用的感情；真正的友谊应该像冲浪板，抵得过海浪的冲击，不会轻易就被生活的各种浪花翻颠，更不会因为误会而断绝了友谊。

“民国第一才子”钱钟书青年时期颇有些恃才傲物。1929 年，钱钟书入清华大学外文系，老师为吴宓教授。他上课从不记笔记，总是边听课边看闲书，但每次考试都是第一名。吴宓对这个天才弟子也是非常喜欢，常常在上完课后“谦恭”地问：“Mr. Qian 的意见怎么样?”钱钟书总是不屑一顾，吴宓也不气恼。几年后钱钟书即将从清华外文系毕业，校长亲自告诉他，将破格录取他留校继续攻读西洋文学研究硕士学位。钱钟书却一口拒绝，并狂妄地说：“整个清华，叶公超太懒，吴宓太笨，陈福田太俗！没有一个教授有资格充当我钱某人的导师!”这对于当时他的老师吴宓教授而言，无疑是一种蔑视和侮辱。此话一出，立刻传到了吴宓耳中。吴宓却一笑了之，说：“Mr. Qian 的狂，只是文人骨子里的一种高尚的傲慢，这没啥。”更糟糕的是当吴宓打算和情人毛彦文举行婚礼时，钱钟书特撰文一篇，发表在国内某知名大报上，刻薄地调侃新娘为“Superannuated coquette”（徐娘半老，风韵犹存，卖弄风情的大龄女人)，因为当时毛彦文已经 32 岁，这原本算不上什么大事，但钱钟书的文章使吴宓的婚姻成为一时笑柄。

多年后钱钟书日趋成熟。一次他特意去拜访恩师吴宓。吴宓喜上眉梢，毫无芥蒂，钱钟书深感自己的年少轻狂，红着脸向老师赔罪。吴先生茫然，随即大笑着说：“我早已忘了。”两人一起游山玩水，亲密无间，成了忘年之交。

若不是吴宓开阔的胸怀，像青年时期的钱钟书这般狂妄的人，是肯定会遭受到谴责的。然而，师生两人不但没有因为从前的事产生隔阂，两人的友谊反而成了文坛佳话。这大概就是真正的友谊所呈现出来的光芒。

真正的友谊建立在相互欣赏的基础之上，所以误会不能阻挡，世俗的观念无法阻挡，个人狭隘的心思也无法阻挡，距离更无法阻挡，它总是能循着自己的规则将两个人牵引至一起，一旦成为朋友便不会再出现距离。

真正的友谊是不会拒你于千里之外的，因此它能经受得住一切考验，更不会轻易地动摇。如高山不可推移，如流水不可截断。

·心·灵许愿瓶

所谓“不打不相识”，朋友之间也存在这样的道理，只有经过几次“交锋”，才会更加互相了解，也才能更好地相处。没有两个人天生就能在任何事情上都达成共识，也没有两个人天生就能产生不离不弃的友谊。只有同时怀有开阔的胸怀和善于自省的内心，才能维系一生的友谊。

愿我们都能在人生的电影里发展出这样的友谊，一两个足以，三四个更好！去拥抱你的朋友吧，他们必定会是你电影中重要的角色。

7. 探探情意虚实，体味人性曲风

不要因为春天风雨的来临而忽视了万物勃发的生机之绿，不要因为夏天酷暑的天气忽略了万物相竞的激情之美，不要因为秋天衰草的存在而忽视了收获的喜悦之情，不要因为冬天的寒冷而忽略了冰天雪地的寂静之音。

去体会人和人之间的情意吧，体会至纯也至真的人性，它们才是我们在电影里应该纳于心的情感。

世间有着阳光般的明亮，也有着冰冷的夜色；有着春风般的和畅，也有着寒冬样的悲伤。你一定遇到过，当你满怀热情的时候，却遭遇别人泼的冷水；当你满心期待的时候，别人给予你的却是失落；当你满怀真诚的时候，却遭遇了虚伪和冷漠。没有关系，这个世界永远不可能时时刻刻都符合你的心意，就如同当你期待一场雨将闷热的天气浇透，但是太阳却不知疲惫地停在天空上继续它的职责。

社会的规律同样如此，你无法让身边的每一个人都符合你的价值观。你无法让每天遇到的人都以微笑和真诚与你相对，无法让你的工作伙伴时时都能和你合作愉快，你无法让你的朋友任何时候都以你们的友谊为第一位，是的，当你遇到了这些，你知道这是再正常不过的。而我们所遇见的丝丝缕缕的人性善意，将汇集成大爱的暖流，随着心灵的敞开滋润心田。让爱给明亮添一抹彩霞，给夜色带来一线光亮。

20世纪初，在旧金山附近搬来了一家人。他们从日本移居而来，在那里开创了一项种植月季花的产业。在旧金山，还有一个家庭也出售月季花，他们是从苏格兰迁移来的。这两个家庭出售的月季在旧金山市场上很受欢迎。在长达几十年时间里，两个家庭相邻而居，从来没有发生过什么生意上的争吵。

后来，日本人轰炸了夏威夷群岛，尽管家庭中的其他成员都已经是美国国籍了，但是日本人家庭中的父亲却一直没有加入美国国籍，于是他们被拘审了，月季花的产业无人照料。这时，从苏格兰而来的邻居明确告诉他们，他们会代为照顾被留下的苗圃。

不久，日本人家庭被流放到科罗拉多州格林那达的贫瘠的土地上，周围密布铁蒺藜，他们被全副武装的士兵看守着，整整两年过去了，一点出来的希望都看不到。远在旧金山，他们的朋友一直在两个苗圃的暖室中工作，常常每天工作十六七个小时。

后来，战争终于结束了，日本人家庭告别了拘禁生涯，他们坐上火车回家了。邻居在火车站接到了他们。当他们回到家时，日本人家庭成员全惊呆了，那里的苗圃里整齐地开放着繁茂的月季花，就像往年他们经常看到的那样。他们的房间也被收拾打扫得像苗圃一样干净和整齐，一张银行存折被交到日本人家庭的父亲手中，这是这几年来经营他们的苗圃所获得的财富，也是一个邻居给另一个邻居的礼物。

人与人之间，无论身份、年龄、性别、国籍，相互之间都需要像这两个家庭之间这种诚挚的感情。几千年前我们的祖先们已然明了善念能给人带来绵绵不断的福泽，中国的古人如此，外国的贤人也是如此。哲学家苏格拉底认为，幸福不仅仅是快乐，而更应该是一种善意。亚里士多德也认为，国家和个人的行为其目的应该是善。无论你贫穷或富贵，都需要善的滋润，“善意源于诚挚，奇迹自在此中”，人心的自然流露，温暖的人情交汇，会让置身于其中的你不孤单、不怯懦、不失落，也是人生最完美最动人的注脚。

不掩饰你的真诚，自然地表达你的诚与善，便是敢于在冷漠邪恶之中直面曾经的惨淡，敢于用自己的智慧将黯淡的天空涂上五彩的图画，敢于将虚伪与恶锤炼成诗歌，将失落的泪水化作心灵的灯盏。

在某个度假村大厅里，一位满脸歉意的工作人员正努力安慰着一位大约 4 岁的西方小孩，饱受惊吓的小孩已经哭得精疲力尽。

原来因为当天度假村里小孩较多，这位工作人员一时疏忽，在儿童网球课结束后，少算了一位，将这位澳洲小孩独自留在了偌大的网球场。等到她回来发现人数不对时，才赶快跑到网球场将这位小孩找到带回来，可小孩因为一个人在偏远的网球场度过了1个小时而饱受惊吓，正哭得稀里哗啦。

现在孩子的妈妈出现了，正看着自己的小孩哭得惨兮兮的。工作人员赶紧跟他妈妈道歉，说明自己的疏忽。

如果你是这位妈妈，你会怎么做？痛骂那位工作人员一顿？还是很生气地带小孩离开，再也不参加“儿童俱乐部”了？还是直接向主管投诉抗议？

这时，只见澳洲妈妈对着工作人员微笑了一下，什么责备的话也没说，又蹲下来安慰4岁的孩子说：“已经没事了，那位姐姐因为找不到你而非常的紧张难过，她不是故意的，现在你必须亲亲那位姐姐的脸颊，安慰她一下！”只见那位4岁的小孩，垫起脚跟，亲亲蹲在她身旁的工作人员的脸颊，并且轻轻地告诉她：“不要害怕，已经没事了！”工作人员一听，感动得拥抱了孩子，并亲了孩子的小脸颊。一场危机顿时化作了令人感动的画面，而在那个工作人员及孩子的心里都留下了美好的回忆。

行在阳光里，让周围的人都能感受到暖意，便是一种喜悦。与志同道合者结伴，将温暖传递开去，便是一种喜悦。多对人付出一份真心，多露出一张温柔的笑脸，多借出一个安逸的怀抱，便又是一种喜悦。

生活中，我们时时都能做到这样的喜悦，公共场所开门的时候为后面的人多停留一会儿；雨天开车慢一点，不要将积水溅到人行道上的路人身上；别人流泪时递张纸巾，拍拍他的肩膀；当别人在诉说时，如果没有急事，你要认真地倾听……从某种角度来说，这不仅仅是一种善的喜悦，也是一种超凡的魅力、一种珍贵的气度。

身处善意之中，你会感到人世间无尽的美好，翻阅到你自己还有他人共同描绘的感人画卷。身处善意之中，会让我们更懂得生活，懂得世界的温暖。作为这个大家庭中的一份子，让我们去拥抱一个有意义的人生吧，去奏响生命中最动人的音符、感人肺腑的乐曲。

心灵许愿瓶

试想你有多久没有向别人伸出善意之手了？愿我们都少一分人与人之间的危机和压迫感，多一分温柔和尊重；少一分冷漠，多一分温馨。

篇三：创作篇

——尽情挥洒自我情怀，呈现独一无二的精彩

第一章 扛起摄像机，就没放下的借口

每个人的人生都配有一个不能被颠倒的沙漏，流逝的流沙无时无刻不在提醒着生命的期限。在这样短暂的生命里，还会有重重障碍来阻挡你的脚步，遮住你的视线，消磨你的意志，腐蚀你的心灵。于是，太多的人选择了停滞、盲目、消沉和麻木。只有那些敢于将沉沉的摄像机一直扛在肩头的人，才能在那流沙中看到生命的收获和满足。

1. 前进是唯一的方向

经过了策划和准备，现在到了我们正式行动的时候了！去做吧！你已经学会了很多，而且你还有同伴。如果偶尔还有困惑，让你看不清未来的曙光，前进是唯一的方向。路很漫长，迈出一步，再走一步，至少我们在扩大梦想的半径。

人生中的悲哀之一就是不甘心过平凡的日子，却又没有改变平凡的力量。最糟糕的生活状态就是这样：止步不前，一生停滞。

你身边或许有很多类似的例子：一个喜欢吉他喜欢唱歌想要成为流浪歌手的男生，毕业后找了一份工作，他认为这只是暂时的。但过了两年，男孩还在做自己不喜欢的工作，他安慰自己，等不再为生活发愁的时候就朝着流浪歌手的梦想前进。结果几十年后的同学聚会上，他成了一个身体发福的肥胖的男人，他的吉他早就蒙灰不知道丢到了何处。

这就是最糟糕的结果，一生努力不知道冲刺的是谁的梦想。总之自己的那个梦想已经止步，它停在那里，等待它的主人有一天来将它领着继续往前走，但最终经过了风吹日晒，没有人理它，于是它作了铺路的泥土。

其实，没有谁能携着自己的梦想顺顺利利地往前走，他们总是会遇到这样或那样的困难。但区别在于，有的人喜欢将梦想放一放，有的人不管在哪儿都要将它背在肩上。

拿破仑，法兰西共和国近代史上著名的军事家、政治家，这是一个显赫的名字。但是事实上拿破仑的家族是一个没落的意大利贵族世家，拿破仑9岁时在父亲的安排下到法兰西共和国布里埃纳军校接受免费教育，但贫困的家庭总是使他遭到同学们的嘲笑，并且他的同伴总是用追求女人和赌博来打发多余的时间。在这样的环境中，拿破仑很痛苦。他给父亲写信说："他们唯一高于我的便是金钱，至于其他，他们是远在我之下的。难道我应当在这些高傲的人下面谦卑地生活下去吗?"他父亲回答说："我们没有钱可以换学校，你必须在那里读书。"

于是，他发誓，一定要改变这种局面，一定要坚持走下去，不能冲动，不能退学，更不能跟着堕落。他将自己关在一个又小又闷的房间里，从图书馆借来大量的书。他想象自己是一个总司令，在地图上清楚地指出哪些地方应当布置防范。他的长官看见拿破仑的学问很好，便派他在操练场上执行一些工作，他的工作做得极好，并且只用一年的时间就考取了别人用3年才能取得的军官资格，被任命为皇家炮兵少尉。这使他开始走上有权势的道路。

拿破仑的成功说明，只要你去做，不管你身处什么样的环境，你都可以去完成。我们看到了叱咤风云的拿破仑，却没有看到那个关在小房子里苦读的拿破仑。我们看见了将世界征服于脚下的拿破仑，却没有看到那个因为同学的嘲笑而痛苦伤神的拿破仑。而他终于沿着艰辛的路途走到自己人生的辉煌之境。

青年尼克·胡哲从出生起就没有四肢。用他自己的话说，他只有一个“小鸡腿”，没有四肢，只有上半身躯干和头，他所能利用的身体部位就是那个长着两根脚趾的小脚。他不能走路，不能拿东西，并且总要忍受被围观的耻辱。可就是这样一个曾经让父母都无法接受的“怪胎”，取得的成绩令大多数健全人都望尘莫及。

他创立了一家公益组织并担任总裁，他取得了会计和金融企划的双学士学位，他被评为2005年“澳洲杰出青年”，他成为了一名出色的演讲家。

成为演讲家是他的梦。19岁的时候，他打电话给学校推销自己的演讲。在被拒绝52次之后，他获得了一个5分钟的演讲机会和50美元的薪水。如今，他已经在全球34个国家发表过超过1500场演讲，他说：“有人问我，我觉得自己是这世界上最快乐的人吗？我要说是的，我对人生的三个真谛——价值、目标、宗旨都很清楚，我知道我要往哪里去，所以我很快乐。无论怎样，满足于你所拥有的，比如我就很珍惜我的‘小鸡腿’，不要放弃，爱别人，每天向前走一小步，你一定可以完成人生的目标。”

尼克说的真好，“每天向前走一小步，你一定可以完成人生的目标”。尼克·胡哲之所以能取得如此大的成功，源于他始终带着“成为演讲家”、“做一个爱的传递者”的梦想，他的人生旅途中，在找到梦想的时候便确定了前进的方向。为此，他学会生活自理、独立行走、上下楼梯、下床洗脸、打开电器开关、操作电脑……假如没有人生的前进方向，他也许会像不少的残疾人那样自怨自艾吧！

就让我们都做那一个将梦想扛着前行的人吧！胜利的道路是迂回曲折的，像山间小径一样，累了就将梦想放在路边的人是不会得到胜利的。不论现在你的双脚走到了哪里，不论现在路途还有多遥远，记得前进就好！这是唯一的方向！

心灵许愿瓶

在你的挂历上，画上每天前进的标记吧。早上告诉自己：今天要继续前进。晚上告诉自己：又成功地走了一步。即使你每天只往前挪动了一小步，长久下来，你会发现，其实你离目的地又近了很多，许多人就是这样慢慢地达成自己的梦想的。

2. 好镜头都是毅力打出来的

古人云："锲而舍之，朽木不折。锲而不舍，金石可镂。"李时珍写《本草纲目》跋山涉水27年，达尔文写《物种起源》用了15年，哥白尼写《天体运行论》用了30年，歌德写《浮士德》用了60年，曹雪芹修改《红楼梦》批阅10载，删改5次，郭沫若翻译《浮士德》花了30年，马克思用40年写《资本论》……一切经典都来自于坚持，而我们的好镜头也需要同样的品质。

有位教育家做过一个小实验：他找来一些孩子，拿来一堆糖果等好吃的东西，并告诉他们说："我现在离开这里一会儿，在我回来之前，你们都不能吃这些东西。"这位教育家走后，有些孩子忍不住了，就动手拿了桌上的糖果吃。之后教育家做了一个跟踪调查，凡是当初能克制自己，没有吃糖果的孩子，长大以后都事业有成。这个实验充分说明了，人的毅力是成功必备的品质。文学家苏轼更说过："古之立大事者，不唯有超世之才，也必有坚忍不拔之志。"

顾炎武是我国古代的大学者。他自幼勤学，6 岁启蒙，10 岁开始读史书、文学名著。11 岁那年，他的祖父蠡源公要求他读完《资治通鉴》，并告诫他说："现在有的人图省事，只浏览一下《纲目》之类的书便以为万事皆了了，我认为这是不足取的。"这番话使顾炎武领悟到，读书做学问是件严谨的事，必须严谨地对待它。顾炎武对自己采取"自督读书"的措施：首先，他给自己规定每天必须读完的卷数。其次，他限定自己每天读完后把所读的书抄写一遍，并且要求自己每读一本书都要做笔记，写下心得体会。于是，他花了 3 年的时间读完《资治通鉴》，手抄了一本，他的一部分读书笔记后来汇成了著名的《日知录》一书。最后，他在每年春秋两季都要温习前半年读过的书籍，每天温课 200 页，边默诵边请人朗读，发现差异立刻查对，温习完才能休息。

除了顾炎武，古今的大学者们都有这样一个共同的特点，就是他们都有坚强的意志，不管环境变换到何种地步，他们的初衷与希望仍不会有丝毫的改变，终于克服障碍，以达到期望的目的。他们不完成自己规定的任务绝不停止，他们可以将一件事情放在很长的时间里去完成，他们能用常人无法坚持的韧性去坚持一件事情。屈原小时候不论刮风下雨、天寒地冻，都会跑到山洞里读《诗经》，经过整整 3 年，直到熟读了《诗经》305 篇才停止。凿壁偷光的匡衡，凭着自己对知识的渴求，几十年读书如一日。隋朝时的李密，为了坚持读书，即使出门都要将书挂在牛角上，以节约时间。西汉董仲舒，读书时专心致志，他的书房后虽然有一个花园，但他在 3 年时间里没有进园观赏一眼。唐玄奘为了求取佛经原文，万里跋涉，历时 17 年，到达印度，著《大唐西域记》。英国近代化学之父道尔顿，一边系统地自学科学知识，一边进行气象观察，50 年天天如此，从不间断。

养成好的毅力，从克服一些小困难、完成一些小事情开始。不管这些事情多么微小，它都会给人们一种获得成功的感觉，能增强人的信心，不容易让人打退堂鼓。

徐特立是伟大的教育家，也是毛主席的老师。他先后做过数十所学校的校长。他有个特点：无论要做什么，他都能成功，原因究竟在哪里呢？18 岁的徐特立在乡村担任蒙馆的私塾教师，28 岁时考入宁乡师范速成班学习，33 岁东渡日本考察小学教育，43 岁留学法国。在留学法国时，他学习法语也是困难重重。徐特立毫无法语基础可言，加上年纪又大，记忆力差，还掉了两颗门牙，发音吃力，面对别人的质疑，他毫不畏缩，他为自己规定每天记一两个生词。他说："我 43 岁学法文，一天学一个字，一年学 365 个字，7 年可学 2500 多字，到了 50 岁时，岂不就是一个通法文的人吗？假若一天学两个字，到了 46 岁半，就可以通一国文字。我尽管笨，断没有一天学一字学两字也学不会的。"就这样，徐老每天如期完成计划，还慢慢掌握了学法文的"窍门"。经过一年多不懈的努力，他终于能够读懂法文的科学书籍了，顺利考进了巴黎大学。4 年以后他又去了比利时、德国。

定量、有恒的学习方法是他成功的法宝，也是他一生都秉持的学习方法。《说文解字》中部首有 540 字，徐特立在自学时每天只读两个，一年读完。他也曾说："我读书的办法总是以'定量'、'有恒'为主。"

因此，不管是读书还是去实现你的一个"镜头"，毅力是必备的品质。那些具有非凡毅力的人，总是有不屈不挠的精神状态，他们不但能赢得成功的喜悦，也会赢得人们的敬重。没有了毅力，便只能"三天打鱼两天晒网"，又能实现什么呢？在我们决定背上摄像机的那一刻，就应该知道，背上了就不再能轻易说放下，也不允许给自己找任何理由放下。只有这样，才能捕捉到你想要的画面，才能去实现你想要做的任何事情。

心灵许愿瓶

愿我们跟自己签订一个“契约”，即使只是很小的事情，每天都要去完成它。5 个单词、两页书、10 分钟的锻炼、一次微笑……只要你坚持下来，一天，一个月，一年之后，收获必定不少。

3. 将铅笔头停在剧本上

就让铅笔头停在剧本上吧，因为我们不知道自己会遇到什么，我们只有不断地根据实际的情况来修正我们的方向、我们的行为，才能写出更好的情节、更好的台词，才能将生命的灿烂之光都展露无遗。

行走在漫长的路上，如果你够细心，你会发现岔路实在太多，就好像同样的情节，你可以通过很多种方式去表达一样。这时候，也许你应该暂停下来，握住手中的铅笔头，好好地修正自己的方向，这是一个准备的过程，也是一个调整的过程，它会让不知所措的我们头脑变得更清醒，写出更适合自己的情节。

他出生在印度班加罗尔附近的一个小镇，像村里其他村民一样，他家只有3 亩多遍种橡胶树的田地，由于产量有限，每年的收入仅仅够勉强填饱肚子。由于家境贫寒，他连中学都没有毕业就辍学务农了，然而他不甘于一辈子过这种贫穷的日子。

这个小镇里的土壤非常糟糕，呈一片褐红色，导致橡胶树减产。一个周末，他在当地唯一一家图书馆查阅得知，这种红土很可能含有丰富的氧化铜。他立刻雇了一辆汽车，把一整车红土运到了几百公里外的一个铜矿，经过检测，这确实是铜矿。他砍伐了自家田地里的所有橡胶树，开始变卖那些在村民眼里看似一文不值的红土。看他赚了钱，其他村民开始纷纷效仿，四处变卖红土。他迅速在镇里开设了第一家铜矿厂，大量收购红土，由于节省了往返的运费，他几乎垄断了所有的红土。然而在当地电视台狂轰滥炸的连续报道下，红土的价格越抬越高，到了最后已几乎没有任何利润了。

一天，他无意间在电视上听到这样一句话：在过去4年中，平均每周就有一个公司来班加罗尔注册，这个速度在印度是独一无二的。他马上想到在这个靠近城市的小镇投资地产将会获得最大的收益。于是，他迅速变卖了铜矿，开始转向收购村民手里的土地。由于土地遭到了村民大规模且无限量的开挖，早已遍布深坑，不再适合种植任何农作物，他用相当低廉的价格就回收了镇里90%以上的土地。他做出的唯一承诺就是给村民免费建设一个封闭型的小区，并安排他们的子女在其新创立的公司就业。

两年后，果真由于扩建工业园区的需要，当地政府开始大规模收购土地，且每亩地的价格高出了他当初收购价的600倍。依靠这次行动，他成功组建了自己的软件公司。他就是号称“印度的比尔·盖茨”的普雷吉姆，他一手开创的公司就是业务遍布全球的著名的维普罗软件公司。

昔日那个整天围着橡胶树忙着割胶的穷小子，会获得成功是善于不断修正目标和方向的结果。也因为他有修正方向的意识，所以在其他村民忙于卖红土的时候，他开始办铜矿厂。当大家都开始办铜矿厂的时候，他已经转向了土地。当大家开始转向土地的时候，他又转向了别的行业。人生的方向盘，他一直紧紧握住，并且深知不能直线开到底，所以他总是比别人先一步调整自己的方向，也占尽先机。

在熙熙攘攘的人群中，一位老人背着一个大花瓶走过。有人告诉他："你的花瓶裂了一道大口子。"老人没理睬。过了一会儿，又有一个人告诉他："你背上的花瓶裂了一道大口子。"老人仍然没有理睬，只默默地走着自己的路。一个年轻人觉着好奇，便跟随着老人，看看究竟是怎么回事。这时又有一个人对老人说："你背上的花瓶已经裂了。"老人还是没理睬。年轻人沉不住气了，站在老人的面前大声地问："大爷，你的耳朵是不是聋啊？"老人说："我能听到你的话。"小伙子说："既然如此，你怎么对前面几位好心人的话不理呢？"老人说："第一个人告诉我时，我就知道这花瓶裂了，可为什么我没有回应呢，因为买花瓶花费了我不少钱，现如今它裂了，我正想着回家如何利用这个裂花瓶。"

修正自己的方向是每一个顺利前行的人必做的功课。这如同骑自行车，虽然看起来车头的方向一直都是直的，但如果观察车轮印，就会发现车轮印都是弯弯曲曲的。正是因为有车轮不断地调整方向，才能保证车子顺利前行。

修正自己的方向，它不仅仅是一种成功的策略，也是保养心灵的方法之一。为什么落后的总是你？为什么受伤的总是你？为什么愤怒的总是你？为什么感觉最疲惫的总是你？这时候，你可能需要一个安静的角落、一杯热茶、一个清醒的头脑，问问自己真的要这样继续下去吗？继续的理由是什么？这是一个绝对无转圜之地的理由吗？如果不打算继续，怎么调整？怎么离开现在的情境，之后走什么方向，为什么要这么走？或许这么多的问题会让你有眩晕的感觉，所以不妨给自己准备一张纸和一支笔，将每一条列写在纸上，更容易理清自己的方向，也更容易找到突破口。

修正方向就如同换一个角度看待自己的生活，让视线离开自己熟悉的风景，让心灵去碰触新鲜的阳光，让呼吸变得缓慢轻松，不用在意别人是否在某个窗子里看你。修正方向，换一种方式来对待自己，将那个皱着眉的自己交给夜晚，让自己的心灵作指引，到清晨呈现全新的模样！

心灵许愿瓶

愿我们都有勇气随身带着铅笔头，当感觉不对劲的时候拿出来用一用。尽管可能又要多费一些时间和精力，可是接下来的故事会精彩许多，不是吗？

4. 随身携带的拍摄日志

随身携带一本拍摄日志，在别人看来有些“愚笨”，但是人的精力和记忆实在有限，为什么不勤奋一点、笨拙一点，将要做的事情时刻记下来，哪怕只是一个很小的事情。只有这样踏踏实实一件一件去完成它们，稳中求胜，才能积跬步至千里，积小流成江海。

哲学家维特斯根坦曾经说过这样一句话：“我贴在地面爬行，不在云端跳舞。”贴在地面爬行，固然没有在云端跳舞赏心悦目，但是在云端跳舞往往容易摔得鼻青脸肿，反之贴在地面爬行，风雨不动安如山。将日志本带在身上的人就是在地面爬行的人，他们时刻注意和记录地面的环境变化，以求能走得更稳，而那些在云端跳舞的人，眼睛总是无法专注于一处。

很久很久以前有个男人，一心想成为一个大富翁。可他不愿意勤奋工作，因为他觉得成为富翁最迅速的方法不是经商，也不是做官，而是学会炼金术。于是他把自己全部的时间、金钱和精力都用在了炼金术的实验中。不久，他花光了家里全部钱财，变得一贫如洗。他的妻子实在无法忍受他的浮躁，就跑到母亲那里诉苦。她的母亲决定帮女婿改过自新，她把女婿叫到家中，对他说：“我已经掌握了炼金术，只是现在还缺少一样东西……”“快告诉我还缺少什么？”男人急切地问道。“我需要5公斤香蕉叶上的白色绒毛，而且这些绒毛必须是你自己种的香蕉树上的。等到收齐绒毛后，我便会告诉你炼金的方法。”

男人深信不疑，回家后立刻将已荒废多年的田地种上了香蕉。为了尽快凑齐5公斤绒毛，他除了开垦自家的田地外，还将周围大量的荒地也开垦出来种上了香蕉。香蕉成熟后，他便小心地将每张香蕉叶上的白绒毛刮下来收集好。而他的妻子和儿女则抬着一串串香蕉到市场上去卖。就这样几年过去了，男人终于收集了5公斤绒毛，他拿着绒毛来向岳母讨要炼金术。岳母指着院中的一间房子说：“你去把那边的房门打开看看，炼金术的要诀就在里面。”

男人打开了房间的门，立即看到满屋金光，屋里果然全是黄金。他正准备寻找要诀时，他的妻子告诉他：“你知道吗？这些金子都是用你这几年里所种的香蕉换来的。”男人回顾这几年的努力，突然恍然大悟。

生活中，也常有人希冀能通过“炼金术”不劳而获，“踏实”这种品质被丢得越来越远，却不知踏实就像给人生的征途铺好一条平坦的道路，让你不再趔趄，不再因为你加快自己的步伐而摔倒。有了踏实，就不再会东奔西跑、惶恐不安，它意味着你的努力会得到了丰盈的回报，意味你尽管前行不要有后顾之忧。因为踏实会给你悠然自得，会给你自信的从容，会给你一份心灵和物质的双重保障。

踏实的人，不会在乎外界的喧嚣。三国时管宁和华歆同席读书，管宁能够不为外界所扰，踏踏实实静心学习，而华歆却十分浮躁。一天，有位达官显贵坐着豪华的轿子从外面路过，管宁置若罔闻，照旧专心致志于桌前，而同席的华歆却面露羡慕之色，立刻跑出去看。于是管宁割席而坐，与华歆绝交。最终管宁成为德高望重的大学问家，而华歆在学术上却碌碌无为。

踏实是难得的寻找，需要站稳自己的双脚，一步一个脚印，到最后贯穿成一个成功的花环；踏实是难得的理智，需要在人生岁月里慢慢燃烧，持之以恒，张弛有度；踏实是难得的积蓄，需要你步步为营，稳中求胜，诸事都有自己的定力；踏实也是难得的轻松，只要你不懈地努力，没有负累，就能让自己的力量慢慢渗透，细水长流。

在日本武术史上曾产生过两位伟大的剑手，一位叫宫本武藏，另一位是柳生又寿郎，且两人正是师徒关系。柳生又寿郎少年时放荡不羁，根本无心接受父亲的教导专心习剑，还常常仗着家势耀武扬威，父亲一气之下把他逐出了家门。受到刺激的柳生发誓要成为一名强大的剑手，目的是击败父亲，一洗被扫地出门的耻辱，于是他独自跑去见当时最负盛名的宫本武藏请求他收下自己为徒。宫本武藏看他资质不错，就收下了他。这时，柳生迫不及待地问道："师傅，假如我努力地学习剑术，需要多少年才能成为一流的剑手?"武藏说："你剩余的全部生命!"

"可我等不了那么久，"柳生说，"只要您愿意教我，我愿意下任何苦功，这样的话，需要多久的时间呢?"

"那也许需要10年。"宫本武藏说。

柳生更着急了："10年太久了，家父年事已高，我必须要他在生前就看见我成为一流的剑手，如果我更加倍努力学习需要多久?"

"那也许要30年。"武藏缓缓地说道。

柳生说："如果我不惜任何代价，没日没夜地练剑呢？会不会更快成为一流高手?"

"哦，那可能要50年，或者更长的时间，更甚者你这一辈子都无法成为一流高手。"武藏说。

柳生不解地问："为什么我越努力，成为第一流的剑手的时间反而越长呢？”

“欲速则不达。”武藏平和地说，“练剑要讲求自然和平和，急功近利没办法做成任何事。”柳生这才明白师傅的教诲，从此他忘了要和父亲比剑的事，也不问时间，只潜心跟随师傅学习剑术，毫不懈怠。数年后，他终于也成为一代武学宗师，让他的父亲刮目相看。

面对现实种种境况，谁也不能说自己没有急功近利的时候，但无数的例子告诉我们，做事不能一味地取巧，不能一味地表现自己的“智慧”，更不能一味地贪多图快，想要一鸣惊人容易顾此失彼，使心情浮躁，造成更大的损失。其实，我们只要脚踏实地，甘于从一点一滴积累，定能将目标各个击破。

一步登天确实很难做到，但一步一个脚印并不难；一下就成为天才或许很难实现，但做好每一天，做好每一件事可以去实现。扎身于深土中的种子，若不是一点一滴汲取营养，又怎能营造一片绿意盎然？若不是石头一块一块坚实地堆砌，又怎么会有通往山巅的云梯？若不是一只只蜜蜂来来往往一丝不苟地采集，又怎能有甘甜的蜂蜜？

用“记录”的方式踏实做事，看起来是不懂变通、固步自封，但它确实是一种稳中求进的大智慧。在追求理想这个漫长的过程中，只有那些目标专一、坚忍不拔的人才能一点点进步，直到赢得最后的胜利。

心灵许愿瓶

踏实是一种循序渐进，也是一种境界。一步一步地走下去，不用跳跃，不用侥幸，反而心里有了更多的轻松。愿我们也都有一个记录的“本子”，养成踏实做事的好习惯，既能提高效率不容易出纰漏，也能让我们的心无形之中减轻负担。

5. 那只突然闯进场景里的“猫”

面对一场“意外”，它不仅改变了你的一次计划，还改变了你的生活，甚至改变了你一生的方向，都尝试着去接受吧。不要因为它的“打扰”而失掉了自己，更不要因为它的“存在”而变得手足无措，我们需要做的仅仅是重新审视，并且继续，或许你的人生从这里改变。

你正在紧张地进行你的电影，突然闯进来了一只猫，它上蹦下跳，打烂了你的道具，弄乱了你的布景，吓坏了你的演员，整个局面乱七八糟，这时候你要怎么办呢？逮住那只猫狠狠地丢出去？还是等这场意外平息之后再重新来审视整个局面？也许，经过这么一场闹剧、一场惊吓，现场的气氛完全改变了，你的布景更自然了，你的演员也轻松下来。

不要排斥那只闯进来的猫吧，也不要对所有不在计划之中的事心存排斥，生命给予我们“意外”，说不定有其意义呢？

有一个人，创建了国际红十字会，也是第一个获得诺贝尔和平奖的人，他的名字是亨利·杜南。但在这之前，他只是个商人，那么是什么让他改变的呢？

故事发生在1859年6月，杜南先生乘着他的马车经过一个山顶，当时拿破仑军队刚与奥地利军队经过一场激战——索尔弗利诺战役，山下平原都被鲜血染红了，杜南先生被眼前的景象惊呆了。这原本只是他的一次商业旅行，但山下激战的场面让他震撼了。他进入了山下的小镇，看见所有的房子都倒塌了，镇上只有尸体和伤兵。杜南先生悲痛不已，他突然觉得自己再也不能像过去那样生活了！他自己采取主动行动，组织平民百姓，尤其为妇女和儿童提供援助，以帮助受伤和生病的士兵。他深信人人都能提供服务，受伤的人员不考虑他们是冲突的哪一方，按照“全部是兄弟姐妹”的原则予以救助。

杜南忙着红十字会与其他的人道救护事业，导致他的企业严重受损，1867 年，他被迫宣布破产。杜南先生开始过着清贫的生活，甚至得依靠远亲的资助，却仍继续推行自己的人道主义思想和计划。1901 年，他获得诺贝尔和平奖，却把奖金全部捐给了慈善事业。1910 年，他逝世，终身未婚。

现在，在日内瓦和其他地方有许多街道、广场和学校仍以他的名字命名。而他的生日，5 月 8 日也被定为“世界红十字日”。对于杜南先生来说，那一次商业旅行在山顶看到的一切就是一次意外闯进来的“状况”，这个“状况”很残忍，也改变了杜南先生的一生。如果不是这场意外，亨利·杜南这个名字也许一直都只存在于商界，成功、名望、权力将成就他的一生。然而，因为那一次意外的“震撼”，杜南先生的后半生成就的是爱和怜悯，并且这种信念一直传达至今，让全世界人民受惠。

在 17 世纪的英国，曾经有一名爵士，他是牛津大学的天文学教授，他的生活和很多教授一样，做研究、教学、参与国际性的学术讨论、做报告，他是这个领域的权威人物。就在他 49 岁那一年，突然一天，他躺在家里的椅子上，看着满屋的书籍和证书，突然一个想法撞进了他的脑袋：我为什么要一辈子都这样活着？

于是，将近 50 岁的他，辞去教授职位，开始学习和研究城市建设。所有的人都不能理解，甚至有人认为他是精神出现了问题，但是很快，他就向所有人证明了自己人生的第二次辉煌。他开始设计并建造教堂，在他后半生的 40 多年里，他共修建了 50 多座教堂，在英国建筑史上留下了自己的名字。

其实，像杜南先生和英国爵士这样的人物，在历史上并不在少数。他们将人生遇见的“意外”纳入了自己的生命轨道中，他们的一生不再是只活一次，而是活两次、三次，甚至更多。他们不再是特定的“某种”人，而是将自己看作一个容器，一个并没有被标注作为某种用途的容器。遇见花，你就是一只独一无二的花瓶。遇见鱼，你就盛满清水成为漂亮的鱼缸；遇见灯光，你就是一件令人赞叹的艺术品。

面对这许许多多的“遇见”，我们更多人采取的是“回避”的态度，然而英国文学家哈代曾告诫人们：“从这一个方向看，这是一个可怕的陷阱，但从另一个方向看，你将会迎来光明。”所以不要害怕，当你也遭遇了一个“意外”，你只想想，自己憧憬的是什么，能舍弃的是什么？做一个权衡，调整自己的呼吸，然后认真地去把握，就没有辜负生命给予的转折点。

心灵许愿瓶

生命如同你去赴一个约会，你把一切都设计好了，甚至每一个细节都有安排，但到了约会地点，见到相约的人，你却完全无法按照你的计划去做，或者你去做了却没有得到预期的结果，或者等你到了那里，完全改变了先前的计划。总之，不要抱怨，不要气馁，更不要灰心，“约会”因其偶然的存在才更有意义，更需要我们抱着严谨的态度去感悟、去体会。

6. NO！我不需要准备替身

将要面临困境，这是你极不情愿去面对的。这时你怎么办？是退缩，还是央求别人去替你做？生活中，你是不是常常需要这样一个替身？仅仅因为你不够勇敢，仅仅因为你不敢自己去做！

去勇敢地做你自己吧，去勇敢地做自己想要做的事，哪怕是再大的困难挡在前面，哪怕是与世俗抗争！告诉自己，我能行！

霍金说过一句话：胆怯是人的最大宿敌，而勇敢就是为你打败胆怯而准备的宝剑。利用这把宝剑，加上自己的勇气，就一定能打败这个宿敌。站在历史的大江岸边，望滚滚流水，历史的车轮承载了太多令人观望的星星点点，那里有滴水穿石、江流入海的意念，有穷且益坚、不坠青云之志的坚定，有不计成败、无谓得失的超然，还有扬鞭策马、登高望远的旷达，这些都源于他们手中的那一柄宝剑。

拥有这柄宝剑，你就会拥有一种英雄气概，一种无畏的品格，苏武牧羊的忠洁刚烈，张骞的10年牢狱之苦，岳飞的满腔热血，文天祥的一片丹心，无不失为一种震撼人心的英雄气概。

拥有这柄宝剑，在危险面前你就能有一种坚定镇静，在面对困境时有不屈不挠的心境，在面对黑暗时有寻求光明的信念，在成败得失面前有一笑了之的豁然。

曾是美国第一夫人的希拉里·克林顿小时候从外地搬到芝加哥郊区的帕克里奇居住，那时她才4岁。到达这个新环境后，热情好动的希拉里想和周边的邻居们交朋友，但是在他们一起玩耍时，邻居的孩子们经常嘲笑她或者欺负她，有时还将她推来推去或将她打倒在地。希拉里伤心极了，她经常哭着跑回家，将自己关进屋子，甚至不愿意出门。

希拉里的母亲静静地观察了几周后，终于有一天，当希拉里又一次哭着跑回家时，母亲站在门口挡住了她的去路。母亲大声对她说：“你是不是要交新朋友？如果是，就按你的想法去做，回去！勇敢地面对他们。”希拉里只得硬着头皮又走出家门，回到孩子群中。

那些欺负她的孩子看到希拉里又返回来了，都大吃一惊，于是他们都喜欢上了这个勇敢的小女孩。在以后的岁月里，每当遇到困难与挫折时，希拉里都会鼓起勇气，大胆地去面对！

希拉里·克林顿的经典名言之一就是：为了我自己和我身边的人，最好的办法就是奋勇向前。希拉里走的路是一条崎岖和充满挑战的路，但是她鼓起勇气去面对了。勇敢的人最终长成暴风雨里的海燕，得意洋洋地掠过海面，好像深灰色的闪电。他们在面对外界事物的变迁时能做到宠辱不惊，闲看庭前花开花落，去留无意，漫随天外云卷云舒。所有的疑虑与忧郁，在勇敢的力量中渺小如一缕游丝、一缕轻尘，只要走过去就是一片澄明的内心。

美国科罗拉多州有一位开始学做生意的年轻人叫做杰夫。一周前，他听说百事可乐的总裁卡尔·威勒欧普将要到科罗拉多大学开展演讲活动，于是马上打电话找到卡尔·威勒欧普的助手，希望能找个单独的时间与他会面，向他当面讨教一些经验。可是那个助手告诉他，卡尔·威勒欧普当天的行程安排得很充分，顶多只能在演讲结束后的15分钟内与他碰一下面。为了抓住这个难得的时刻，在卡尔·威勒欧普演讲的那天，杰夫早早就来到科罗拉多大学的礼堂外等候着。

时间一秒秒过去，卡尔·威勒欧普演讲的声音及听众们的笑声掌声不断从里面传来，杰夫不时地看着手表，预约的时间已经到了，但是很明显演讲还没有结束。卡尔·威勒欧普已经多讲了5分钟，也就是说原本与他会面的短暂时间现在又少了5分钟。这时杰夫当机立断做出一个决定，他拿出自己的名片，在背面匆匆写下这样几句话："先生，您下午两点半和杰夫·荷伊有约会。"然后他推开礼堂的大门，做着深呼吸，穿过人群，直接向卡尔·威勒欧普走去。他不知道这样做结果会怎么样，但是他必须这么做，为自己争取。

威勒欧普先生原本还在演讲，突然见一个人走近，他停了下来。杰夫把名片递给他，随即转身从原路走回。但他还没走到门边，就听到威勒欧普先生告诉台下的听众："抱歉各位，我两点半有个约会，但显然我已经迟到了，所以我必须结束演讲。谢谢大家来听我的演讲，祝大家好运！”然后就走出来。他看看名片，接着看看杰夫，露出了微笑。结果，那天下午他们谈了整整半个小时。威勒欧普不但告诉杰夫许多精彩动人的故事，还邀杰夫到纽约去拜访他的工作伙伴。不过威勒欧普给杰夫的最珍贵的建议，还是鼓励他继续发挥刚才那种勇气。

花儿之所以美丽，不仅仅在于绚烂的色彩，更在于其中蕴涵着耀眼的生命光辉。人之所以引人注目，不仅仅在于漂亮的外貌和动人的气质，更在于那种发自于心灵深处的勇敢。面对胆怯，要把握机会，并且抬起头，一次又一次地对自己说：“我相信，我能行！”这就是杰夫成功的过程。

不要再让“胆小鬼”隐藏在你心中，把它从黑暗中揪出来吧，面对它，用勇敢打败它！

心灵许愿瓶

勇敢是一种意念，一种自信，一种旷达。愿我们用勇敢之灯照亮前方黑夜的路，用勇敢的浩然之气驱散彷徨，让勇敢伴随着我们乘风破浪，让勇敢陪伴着我们勇往直前！当困境再来时，我会说：NO！我不需要准备替身，我能行！

7. 从悲伤的雨里走出来

悲伤是一场倾盆大雨，你不知道它什么时候会突然降落到你的心里，不知道它什么时候结束，还你晴朗的阳光。不要在悲伤中待太久呵，在悲伤的雨里淋太久，心容易着凉。为什么一定要让自己置身于这样的雨中呢？为什么不及时地找个地方避雨呢？为什么不给自己撑把伞呢？

从悲伤中走出来吧，晴天才是适合我们继续前行的日子！

每一个生活在这世界上的人，都存在着悲伤的因子。不管你出生在哪里，现在的生活状况如何，都是无法逃避的。我们总会遇到这样或那样的令人悲伤的事，不同的是有的人会以天生开朗的个性很快走出悲伤的情节，可是有些人却更敏感也更容易受伤。

为什么不给自己的电影快乐的元素呢？相比悲伤，快乐更能感染人的心灵。

曾经有一个不快乐的女孩给三毛写信倾诉她的悲伤：

我今年29岁，未婚，是一个单位最低层的办事员，我常常在下班后，回到租来的斗室里，面对物质和精神相当贫乏的人生，觉得活着的价值十分……对不起，我黯淡悲伤的心情，无法用文字来表达。我很自卑，请你告诉我，生命最终的目的何在？

以我如此卑微的人（我的容貌太平凡了），工作能力也有限，说不出有什么特别的兴趣。也从来没有异性对我感兴趣……

三毛是这样回复这个陷于烦恼中的女孩的：

你有一个正当的职业，租得起一间房间，容貌不差，懂得在上下班之余更进一步探索生命的意义，这都是很优美的事情，为何觉得自己卑微呢？

如果我住在你所谓的“斗室”里，如果是我，第一件会做的事情就是布置我的房间。然后，当我发薪水的时候——如果我是你，我要用极少的钱给自己买一件美丽又实用的衣服。如果我觉得心情不够开朗，我很可能去一家美发店，花100台币修剪一下终年不变的发型，换一个样子，给自己以耳目一新的快乐。我会在又发薪水的下一个月，为自己挑几样淡色的化妆品或者买一双鞋。

你看，如果我是你，我慢慢地在变了。

我去上课也许能交到一些朋友，我的小房间既然那么美丽，那么也许偶尔可以请朋友来坐坐，谈谈各自的生命或梦想。而且，兴趣是可以寻求的，东试试西试试，只要心中认定喜欢的便去培养，成为下班之后的消遣。

瞧，正如三毛在回信中写的那样，对于我们遭遇的烦恼和悲伤，总是能通过一些办法来调节的。而有些悲伤、孤独，甚至绝望，需要我们内心更大的力量和坚强。

有一个女孩，从小听话懂事，是学校里的优等生，也是父母眼中的乖乖女。18 岁她就被保送到某大学深造，但是命运在她接到大学录取通知书的那个暑假跟她开了一个玩笑：一辆飞驰的汽车无情地夺去了她的双腿。

她根本无法接受这样的安排，本以为大好前程在前面等着自己，却没想到就此毁灭，人生再无任何追求的价值，更何况她还是个爱美的女孩，她一度想到自杀。为了转移一下她的注意力，在她出院以后，家人特意把她送到乡下的亲戚家静养。命运就在这里又给了她一次转折。

在她静养的地方，门口有两棵形状十分怪异的树，它们的躯干扭曲着向上生长，两树之间连着一根五六米长的粗铁丝，铁丝的两端深深嵌进树干里。邻居告诉女孩，这铁丝是为了晾晒衣服拉起来的，时间一久，树越长越大，树干越长越粗，被缠绕的铁丝勒出了深深一圈伤痕，两棵小树奄奄一息。就在大家都以为这两棵树会因此而死去的时候，没想到第二年春天它们又发出了新芽。几年过去后，树干将紧箍在自己身上的铁丝“吃”了进去！

女孩顿时醒悟了，她坐在轮椅上，主动要求回到城里，拾起了久违的课本，开始了属于自己的新生活。

面对外界施加的暴力和厄运，小树尚知抗争，它经历了风雨雷电，经历了很多意外伤害，却依然矗立，它默默承受着这一切，却依靠自己顽强的意志长得比谁都结实，虽然形状怪异，但这恰恰是顽强的象征。自然界的树尚且如此，作为一个人，又有什么理由放弃对生活的抗争和努力呢！时间虽是医治伤痛的最好的医生，可是与其由时间来慢慢医治，还不如自己早日从悲伤中走出来。将自己陷于悲伤之中，会让它夺走那个原本快乐的自己，会夺走我们充满笑意的脸庞，会夺走我们兴奋的神经，会妨碍我们行动的力量。文中的女孩在人生最有希望的时候遭受了如此重的打击都可以重拾信心，我们生活中的那些悲伤又有什么不能过去的呢？

有一个女孩子，大学毕业参加工作不久，毫无道理地被老板炒了鱿鱼。中午她坐在公园里喷泉旁边的一条长椅上黯然神伤，觉得生活似乎一下子失去了原来的光彩颜色。这时一个小男孩站在她身后咯咯地笑，她好奇地问："你在我背后笑什么呢？""我在等你起身呢！这条长椅的椅背是早晨刚刚漆过的，油漆还没有干，我想看看你站起来时背上是什么样子的。"小男孩一脸的得意。女孩一愣，突然想到：从前那些对我刻薄的同事不正和这小家伙一样，现在正躲在我的身后，就等着看我的落魄心伤呢！我绝不能让他们这么容易就得逞，我仍然要做原先那个快乐的自己！于是，女孩想了想，指着前面的人群，对小男孩说："你看那里，那里有很多人玩旱冰呢。"男孩果然往前走了几步，将目光放到了前面的人群中，等小男孩发觉到自己受骗而恼怒地转过脸时，女孩已经站了起来，并且把沾了油漆的外套脱了拿在手里，她身上穿的那件粉红色的毛线衣让她看起来更加漂亮。小男孩甩了甩手，嘟着嘴，失望地走了。女孩站在阳光底下，拿着那件外套，突然一扫阴霾，开心地笑了！

脱掉令你悲伤的外套吧，听一首快乐的歌，做一次令人大汗淋漓的徒步旅行，给自己写一首温暖的诗，去玩儿一次自己想玩儿的游戏，去看自己一直想看的风景，去更好地安排自己的生活！

心灵许愿瓶

愿我们能看看远处苍翠无边的山、近处泛着绿光的树木，能深深呼吸明媚的阳光、清新的空气，都有勇气保护我们的快乐，能拨开笼罩在我们头顶的那层乌云来看看尘世的美好，能大声地告诉自己：从此以后我都会朝向快乐！

8. 追求尽在不断超越

将眼睛始终停在自己的画面上，问自己：这是我的极限吗？我要怎样才能突破现在走向一个新的阶段？我要怎样改变现有的拘束，从而走向更高的山峰？

每经过一段时间，我们都应该这样问问自己，为自己找继续向上的途径，因为超越不仅是一种赢得成功的办法，也能让自己走向那个理想中最好的自己。

有人曾问："在自然界中，谁的力气最大？"回答是千奇百怪各种各样的，有人说是鲸鱼，因为它翻身便能顶翻一艘远洋巨轮。有人说是大象，因为它可以用鼻子把大树连根拔起。也有人认为力气最大的是蚂蚁，原因很简单：超越自己是最困难的，而蚂蚁恰恰做到了，它可以举起相当于它体重十几倍的东西。

著名的心理学大师卡耐基经常提醒自己的一句箴言就是："我想赢，我一定能赢，结果我又赢了。"在困难和挑战面前，赢得成功的最好办法就是先赢过自己。要做大海里的那朵浪花，必须学会超越，才能描绘出波澜壮阔的图景；要做大地的森林，必须学会超越，才能抒写人生的满目苍翠。

法国作家莫泊桑从小就表现出了出众的智慧和追求。一天，舅父带着莫泊桑去拜访好友——著名作家福楼拜。在谈话中，舅父希望莫泊桑能拜福楼拜做文学导师。可是，骄傲的莫泊桑却对福楼拜说："你究竟会什么呢？"福楼拜不慌不忙，也不惊讶，反问莫泊桑："那你会些什么？"莫泊桑得意地说："我什么都会，凡你所知道的我就会。"

福楼拜说："那好，你就先跟我说说你会什么吧。"莫泊桑自信地说："我上午用两个小时来读书写作，用另两个小时来弹钢琴，下午则用一个小时向邻居学习修理汽车，用3个小时来练习踢足球，晚上我会去烧烤店学习怎样制作烧鹅，星期天则去乡下种菜。"说完后，莫泊桑得意地反问道："福楼拜先生，您呢？"

福楼拜笑了笑说："我每天上午用4个小时来读书写作，下午用4个小时来读书写作，晚上，我还会用4个小时来读书写作。"莫泊桑不解地问："难道您就不会别的了吗？"福楼拜没有回答，而是接着问："你虽然会很多，但是你究竟有哪样事情做得特别好呢？"莫泊桑答不上来了，于是他便问福楼拜："那么，您又擅长什么呢？"福楼拜说："写作。"莫泊桑思量片刻后，决心拜福楼拜为文学导师学习读书写作，最终取得了丰硕的成果。

小时候的莫泊桑认为自己已经处于追求的极佳状态，却在和福楼拜的对比中找到自己的不足，从而寻找到了超越现在的途径。超越就像攀登一座不见峰顶的山，如果不够努力、不够坚持，那么你将永远处于半路之中，永远无法突破极限，也无法看到巅峰的风景。莫泊桑坚持下来了，所以才有了后来的“短篇小说之王”；失聪的贝多芬坚持下来了，所以才有了后来的生命交响曲；孤独的阿炳坚持下来了，所以有了《二泉映月》的绝唱。

超越，简简单单的两个字，汇集了无数的动力和希望，也汇集了无数的磨难。文王拘而演《周易》；仲尼厄而作《春秋》；屈原放逐，乃赋《离骚》；左丘失明，厥有《国语》；孙子膑脚，兵法修列；不韦迁蜀，世传《吕览》；韩非囚秦，《说难》、《孤愤》；《诗》三百篇，大抵圣贤发愤之作也。这些饱受磨难的人，他们的人生都曾被画了一个禁锢的圈，但是却最终以坚忍不拔的精神突破禁锢，走向人生的另一境界。

史蒂芬·霍金一生贡献于理论物理学的研究。他1942年1月8日生于牛津，小时候对模型特别着迷，十几岁时不但喜欢做模型飞机和轮船，还和学友制作了很多不同种类的战争游戏，反映出他研究事物的爱好。霍金十三四岁时已下定决心要从事物理学和天文学的研究。17岁那年，他考到了自然科学的奖学金，顺利入读牛津大学。学士毕业后他转到剑桥大学攻读博士，研究宇宙学。

不久，他发现自己患上了会导致肌肉萎缩的卢伽雷病。由于医生对此病表示无能为力，起初他打算放弃从事研究的理想，但后来发现病情恶化的速度减慢了，他便又继续醉心研究。于是，20世纪70年代他和彭罗斯证明了著名的奇性定理，并在1988年共同获得沃尔夫物理奖。他还证明了黑洞的面积不会随时间减少。1973年，他发现黑洞辐射的温度和其质量成反比，即黑洞会因为辐射而变小，但温度却会升高，最终会发生爆炸而消失。

80 年代，他开始研究量子宇宙论。这时他的行动已经出现问题，并且由于得了肺炎接受穿气管手术，导致从此不能再说话，与人交流都要靠电脑和语言合成器帮忙。之后他全身瘫痪，不但不能说话和写字，连阅读也要别人替他把每页纸摊平在桌上，让他驱动着轮椅逐页去看。但他仍然完成了《时间简史》等著作。

霍金的不断超越，才使得生命的分量越来越重，生命的意义也越来越凸显。或许站在现有的生活台阶上，你难以迈出往前的一步，但是时间终会证明，只有勇敢地不停地迈出新的步子，才能遇见那个最好的自己。白杨因为敢于超越自己，才能在戈壁滩上顽强地向上生长；百合因为敢于超越自己，才能在峭壁上依旧开出纯美之花；秋菊因为敢于超越自己，才能在萧瑟中亭亭独立；冬梅因为敢于超越自己，才能在寒雪中傲然于世。而我们呢，也只有在不断超越自己的过程中才能走向更好更高的自己。

心灵许愿瓶

就从生活中最小的一件事开始做起吧，去打破自己的“惯例”，去体验破例之后的快感，去勇敢追求你想要而从前不敢要的东西。追求之所以如此诱人，正是超越带来的快乐，愿我们都去体会那样的快乐！

第二章 每一幅画面都是内心的唯美镌刻

在电影里，大到一栋建筑，小到一只碗，都能改变整体的感觉和意境。人生的场景也是如此，总有一些东西会悄悄地影响着我们，有时是角度，有时是距离，有时是心灵的色彩。其中细微的差别不容易被我们察觉，只有在极其严肃的条件下，我们才会豁然明白这其中产生的影响有多大。因此，所有真正美妙绝伦、感人至深的场景都必定经过了一番深思熟虑。

1. 敢于冒险，才能别具一格

在迈出更大的步子之前，你必须做好冒险的思想准备。冒险，就意味着你将遇见种种“措手不及”，意味着你将承受种种意外之伤，甚至失败，从头再来。但冒险也意味着你将有意想不到的收获，意味着你将在原先的道路上跨出突破性的一步。

福特汽车总裁菲利浦曾经讲过这样一句话：“假若缺乏冒险精神，今天就没有了电源、镭射光束、飞机、人造卫星，也没有盘尼西林和汽车，成千上万的成果将不可能存在。如果生活在一个没有冒险的世界里，我们必将面临重重危机。”确实，倘若缺乏冒险精神，哥伦布也不会在海洋上冒险从而发现新大陆，科学家们也不会冒着生命危险去研究原子弹的爆发，医学家们也不会以自己的身体做实验来研发新药物，自然学家们也不会冒着未知的危险去探索人与自然的关系，那么我们对所生活的世界的认知也将完全不同。

鲁迅先生曾说过："世上本没有路，走的人多了，也就成了路。"成功永远属于敢于第一个吃螃蟹的人，然而做第一个吃螃蟹的人，需要的往往是非同寻常的意志，因为必定会遭受挫折和重重困境。为了躲避这些挫折和困境，更多的人选择安于现状，也同时失去了收获成功的机会。有一个农夫两手空空地站在田地里发呆，有人便问他："你是不是快要种麦子了?"农夫回答说："没有，我担心天不下雨。"那个人又问："那改种棉花呢?"农夫说："不行，我担心虫子会吃了棉花。"于是那个人又问："那你打算种什么呢?"农夫说："什么也不种，我要确保安全。"后来，周围的农田都丰收了，这个农夫还依然两手空空。一个安于现状不愿意冒险的人，就会像农夫一样，最终一事无成。在这个世界上，每天都有许多像农夫这样的人默默无闻地走进了坟墓，而导致他们一生碌碌无为的最关键因素就是不敢冒险。其实人的一生就是一场冒险，走得最远的人往往就是那些愿意接受挑战、愿意去冒险的人。

一群鳄鱼陷身于一个池塘中，而在烈日的炙烤下，这个池塘的水源快要断绝，面对这种情形，鳄鱼们都陷入绝望中，只有一只小鳄鱼起身离开池塘，它尝试着去寻找新的池塘生存。随着池塘中的水越来越少，强壮的鳄鱼开始不断地吞噬身边的弱小同类，那些相比之下弱小的鳄鱼即使知道自己难逃被吞食的命运，却仍然不愿意离开。终于有一天，池塘里只剩下了实力最强的鳄鱼，而池塘的水也完全干涸了。然而，那只勇敢的小鳄鱼呢，它离开池塘之后，很幸运地没有死在半路上，经过多天的跋涉，它终于找到了一处新的池塘。

罗斯福说过："在人的一生中，没有什么可值得害怕的，唯一值得害怕的只是害怕本身。"在风险面前，只有坚定地树立起奋发向上的信念，敢于承担倾注而来的风风雨雨，才能享受晴朗的明天。也只有那些接受过风风雨雨的人们，才会在晴朗的天空到来时享受生命独特的滋味。

两颗相同的种子一起被抛到了同一块贫瘠的土壤里。一颗种子想：我得努力把根扎进泥土，然后努力地吸收水分往上长，我要破土而出，去经历春夏秋冬，去看更多美丽的风景……于是它努力地向上生长。在一个碧绿的夏天，它长成了一棵姿态顽强的小树。

另一颗种子却这样想：我若是努力向未知的地下扎根，可能会伤着自己；我若是向上长，可能会碰到坚硬的石块；我若是长出了幼芽，可能会被其他动物吃掉；若是长成小树，可能会被人连根拔起，会被人摘去很多花和果实。于是，它决定就躺在土地里，什么也不做，至少这样是安全的。过了很久，有一天，一只觅食的公鸡过来三啄两啄，便将它从土里翻了出来吃进了肚子里。

恐惧和忧虑是冒险最大的掠食者，任何一颗种子都必定要经过破土、发芽、含苞待放，在这个过程中，必须面对不计其数的危机、狂风暴雨、害虫等，这些都能够轻易把这种子付出的代价摧毁归零，梦想的种子同样如此。可是如果因为这种可能的存在而拒绝长大，甘愿长埋于泥土中，那么世界会缺少多少芬芳呢？而对于种子自身而言，不破土绽放又有什么价值？

有人说过，世界就是上帝安排的一个赌场，人间就是冒险家的乐园。人生本身就是一次冒险，生活会在你承担风险的过程中不断地向你提出挑战，但同时也会不断地为你的勇气而奖赏你，所以只要你勇于冒险，勇于在可能的失败中求胜，你就能比你想象的做得更好。

心灵许愿瓶

清晨，我们骑着自行车出发，骑着骑着来到一个山洞口，山洞里一片漆黑，伸手不见五指，你是要走原路返回，还是停在原地不再走？去走吧，向山洞进发，那才是你要走的路！

2. 节奏，是电影的生命

人生的路上，我们都有自己的节奏和速度，表面上看，我们总在无意之中赶超了一些人，又总在被一些人超越。但是，不要忘了，人生的目的除了到达终点，更重要的是欣赏和体会沿途所遇到的景和人。一部好电影的秘诀在于有一种最适合的速度，不因为快速前进而使自己不堪重荷，也不因为迟缓而空耗了有限的时间。

众所周知，鸟儿清早起来就会捕捉虫子为食，松鼠依靠积累在温暖的窝里度过寒冷的冬天，矶沙蚕按照月运周期每年聚集一次，花儿在四季总会有固定的时刻绽放或凋零，勤劳的蜜蜂也会有自己的时间规律奔向它们的采蜜区，银汉鱼永远按照潮汐的规律来产卵，我们人类也会依靠日历、钟表来把握自己的生活。无论是自然界还是我们，都有一种支配着生命的力量，这就是生命的节奏。

在纷繁的尘世生活中，我们的生命时刻都在波动，但是在这波动中又都保持着自己神奇的节奏。当这种节奏紊乱时，我们的情绪也会随着紊乱。太急时会感到焦躁疲惫，太缓时又会陷入低谷，太重时会压抑郁闷，太轻时又会变得迟钝无力。所以，最好的节奏便是根据自己的实际情况调和而来的。

但是生活在这个世界上，所有的生命乃至物质都会不断地发出它们波动的信息，于是我们也时时被干扰着。就像是琵琶大仙的靡靡之音，扰乱着你原本的速度，让你判断失误，甚至怀疑自己。当你还在读研时，或许你的朋友已经完成了同样的学历教育进入了社会；当你还在为了找一份工作忙得焦头烂额时，也许你的朋友正在某个旅游胜地享受美丽的春光；当你还只是一个默默努力在自己岗位上的平凡人时，也许你的朋友已经生活在光圈鲜花掌声之下，或者你会想为什么我总是比人慢一步？为什么他们总是会比我要先获得我所追求的？如果你有这样的质疑，便是危险的信号，代表着你正受其他人的干扰，正以一种消极板滞的心情来演绎你的生命曲线，从而无法正确把握自己生命的节奏。

2001年3月15日，在华盛顿国立女性艺术博物馆里，一个名为“摩西奶奶在21世纪”的画展正举行着，引起了很大的反响。这原本只是一次普通的画展，然而不同的是开画展的人。摩西奶奶原本只是美国弗吉尼亚州一位极为普通的农妇，76岁时她因严重的关节炎不能再做农活了，于是她开始学习她喜欢的绘画。4年后，她到纽约举办了第一次画展，这也是她生命中第一次出名，媒体争相采访。她一共活了101岁，在生命的最后一年，她还创作了40多幅画作。在20多年的时间里，她共留下了1600余幅绘画作品。画展上展出了摩西奶奶的一部分私人收藏品，其中最引人注目的是一张明信片，它的收件人是一位名叫春水上行的日本人，上面有摩西奶奶画的一座谷仓和她亲笔写的一段话：“做你喜欢做的事，上帝会高兴地帮你打开成功的门，哪怕你现在已经80岁了。”

很多人都在猜测为什么摩西奶奶要写这段话呢？原来这位叫春水上行的收信人想从事写作，可是大学毕业后，他一直在一家整容医院里工作，这让他感到日子非常沉闷。马上就30岁了，他不知该不该放弃这份在别人看来极其不错、收入稳定的工作去从事自己喜欢的写作。于是他给摩西奶奶写了一封信，希望摩西奶奶可以给他一些建议。收到春水上行来自日本的信后，摩西奶奶很感慨也很感动，因为过去的大部分来信都是赞美她或向她索要绘画作品的，只有这封信是真诚地向她请教人生问题的。当时她已100岁了，可她还是立即回了信，信的内容就包括我们在明信片上看到的那一行字。而令人始料未及的是，那张明信片上的收件人春水上行，正是日本大名鼎鼎的作家渡边淳一。

无论是30岁放弃自己收入稳定的工作投入写作中的渡边淳一，还是76岁开始学习画画的摩西奶奶，在别人看来，或许都是为时已晚的。然而正如摩西奶奶所写的那样，做你喜欢做的，哪怕你已经80岁。是的，做你想做的，走你自己的路，看你自己要看的景，不要管别人是什么时候开始投入自己的梦想之中，也不要管别的画家是什么时候开始学习画画，因为那只是别人的节奏，而自己的节奏把握在自己手中。我们不能因为某个音乐家是从小学习钢琴，自己30岁才学习钢琴而感到无助。不能因为别人30岁已经完成了自己的事业，自己30岁还没有自己的事业而感到失落，因为这原本就无法对比。循着别人的节奏，反而容易出错。

有一个男孩，参加了学校5年一次的同学聚会。在“欢迎回校”晚餐之前，他开车驶进校园停车场，他斜眼打量着周围汽车的品牌与款式，努力猜测着同学们毕业后混得如何，以及自己与他们的差距。当他把自己的旧福特车停到两辆闪闪发亮的宝马之间时，内心别提有多么嫉妒！

在“重温旧情”的鸡尾酒会上，听着同学谈论这几年各自的经历，他回头审视了自己在毕业后的短短几年所取得的成就，发现自己和他们差距太大。毕业的这5年，他建立了自己的公司，又很快破产，有什么好说的呢？于是他端着自己的酒杯与软饮料不知所措。当他听说当年的同学已经做了高级副总裁或者成为百万富豪，或者当了大官时，他默默计算着自己与他们的差距。对比之下，他的内心不知有多么痛楚与失望！在整个同学聚会的会场，他的心都充满了关于职业成功与个人价值的巨大焦虑和徒然担忧。

自从同学聚会之后，他开始为了再次重聚而安排自己的生活。他开始调整自己的职业以便在短期内能获得显赫的资历，或者很快就赚到大钱。他将那些心中规划已久但不会马上实现的梦想束之高阁，开始去从事他实际上不喜欢，却让他有钱买得起高级轿车的工作。后来，他慢慢失去了自己的目标，或者对自己真正想要的东西视而不见了。

每个人从出生到现在，生长在不同的环境中，各自拥有的禀赋也不同，或似雨后冒出的春笋，或似石缝里艰难绽放的花草，或似傲雪独立的苍松，或似在恶浪拍打中的珊瑚，每个人都是不一样的，每个人所呈现的生命状态都不同，唯一相同的是不管你生长在什么样的环境，都应该以独立不移的节奏生长。否则，就无异于将自己限制在僵死的格式中，伴着别人的节奏为自己的生命歌唱，无异于不同性情不同追求的人都穿着同样的衣服和鞋子，用同样的速度走在大街上，这只会让自己被嘈杂的人群淹没。

所以，找到自己生命的节奏吧，当你觉得自己无法像别人那样快时，不妨稍微慢一点。生命不能像赛跑一样一直往前赶，每个生命都必须有自己的节奏，忽而以充满激情的速度鼓荡着生命的冲动，忽而又缠绵婉转溢出芬芳的情韵，忽而痛快淋漓敲击出惊雷般的鼓声，忽而又在悠然的漫步中实现辉煌的飞跃。就是同样的所得，在节奏上也会有很大的区别，有的如一阵急雨倾注，有的如一片白云飘拂，有的又似清风掠过，各有所妙，这就是丰富的生命乐章！

心灵许愿瓶

人的每一种激情、每一种心境、每一种体验都有自己的节奏。不仅仅是快慢，它还包括高低起伏、抑扬顿挫、一张一驰的变化。愿我们都能把握速度和节奏，有宁静舒畅的心情，有鼓舞的活力，也有奔放的能量，去谱写自己的生命乐谱。

3. 画面感取决于角度

面对同样的场景，有人看到了美丽，有人看到了丑陋，有人看到了激情，有人看到了平淡。就如同面对同一棵树，有人看到了毛毛虫，有人看到了绿叶。善良的行为在善心人眼里都是温暖，在缺乏善心的人眼里就是傻气。真诚的人能自然感受别人的真诚，而骗子却觉得全世界的人都在说谎。

不同的心态、不同的角度看待同一件事情总会有不同的结果。因此，不妨做什么事情都多用一些角度去观察和思考，以获得一个能让自己快然欣赏的角度。

宋代诗人苏轼有一名篇："横看成岭侧成峰，远近高低各不同。不识庐山真面目，只缘身在此山中。"庐山的奇峰峻岭从不同角度观看便显现出不同的特征，成为不同的景观。我们所生活的这个世界也是多面的，任何事情都可以看做是一个球体，从不同方向去看，总有差异。

因为角度的不同，常常引起争执和误会，也使得我们的电影画面充满了不和谐的因素，解决的办法却出奇的简单。正如两个孩子站在一个写好的字的两边，一个说："这个'甲'字写得真好。"另一个说："这是'由'字。"其实只要两个小朋友互相交换位置，便能平息争执。因为换个角度，世界会变得宽大，不再是从前我们在脑海里固执的那一幕，我们所遇到的问题也自然迎刃而解。

美国有位刚毕业的大学生，在冬季大征兵中她依法被征到海军陆战队去服役。众所周知，海军陆战队是一个既艰苦又危险的地方。这位年轻人自从知道自己要去服役的消息后便显得非常担心。她的祖父见到孙女一副忧心忡忡的模样，便开导她说："孩子啊，这没什么好担心的。到了海军陆战队，你将留在内勤部门，或许被分配到外勤部门。如果你分配到了内勤部门，就完全用不着担心了。"

年轻人问爷爷："那要是我被分配到了外勤部门呢？"

爷爷说："那同样会有两种情况，一种是分配到国外的军事基地，一种是留在美国本土，如果你被分配在美国本土，那又有什么好担心的。"

年轻人问："那么，若是被分配到了国外的基地呢？"

爷爷说："那也还有两种情况，被分配到和平而友善的国家，或者被分配到维和地区。如果把你分配到和平友善的国家，那也没什么值得担心的。"

年轻人问："那要是我不幸被分配到维和地区又该怎么办呢？"

爷爷说："那同样还有两种情况，一种是安全归来，另一种是不幸负伤。如果你能够安全归来，那担心也是毫无必要的。"

年轻人问："那要是不幸负伤了呢？"

爷爷说："你同样也有两种情况，一种是依然能保全性命，另一种是救治无效死亡。如果能保全性命，也不是什么大问题。"

年轻人再问："那要是完全救治无效怎么办，岂不是太糟糕了吗？"

爷爷说："还是有两种情况，一种是作为国家英雄而牺牲，另一种是因为退缩躲在后面不幸遇难。我相信你肯定会选择前者，那也没什么好担心的，因为能为国家而牺牲是一种骄傲。"

年轻的孙女和爷爷看待同一件事情，却有着完全不同的心态，皆是角度不同使然。在沙漠中行走的人水壶里只剩下了半壶水，有人信心满满地说：真好，水还有这么多！有人却愁眉苦脸地说：唉，就剩下这么点了！怀着这种迥异的心态行走，其过程和结果一定完全不同，一个必定顺利快乐，一个必定充满阻碍、时时忧愁。那么，你要选择哪一种呢？要么你去驾驭整个场景，要么让场景来驾驭你，为什么不让自己处于主动的位置呢？你积极，场景就会有很多种可能性；你消极，场景就会变成黯淡的死胡同。

有一个女子陪伴着丈夫驻扎在一个沙漠基地里。那里天气炎热，在仙人掌的阴影下也有华氏125度。在那里她没有朋友，她的身边只有墨西哥人和印第安人，而他们不会说英语，无法和她交流。每天丈夫都到沙漠里去工作，只有她一个人留在小铁皮房子里，苦闷和环境的恶劣实在让她受不了。她极度抑郁，每一天都盼着快点过去，在郁闷中她唯一做的就是写信给父母，在信中她说要丢开这里的一切回家去。她父亲的回信只有两行字，这两行字却永远地完全改变了她的生活：两个人从牢中的铁窗望出去，一个看到泥土，一个却看到了星星。

女子一再读这封信，觉得非常惭愧，她决定要在沙漠中找到星星。她开始主动学习简单的本土语言，尝试着和当地人交朋友，她研究那些引人入迷的仙人掌和各种沙漠植物，又学习了有关土拨鼠的知识，她甚至对他们的纺织、陶器有了浓厚的兴趣。每天，她除了和邻居一起做家务，还要整理自己在沙漠中学到的知识，还要观看沙漠的日落日出，还要寻找沙漠中几万年前留下来的海螺壳……她觉得每天都过得很快，每天都充满了新奇，并且为发现新世界而兴奋不已。

沙漠没有改变，印第安人也没有改变，但原来难以忍受的环境变成了令人兴奋、留连忘返的奇景，全是因为一念之差。原先认为恶劣的情况变为一生中最有意义的冒险。像这个女子一样，愿意更换角度看世界，首先是一种心境、一种超越，然后会在生活中找到自由自在的乐趣，这就是角度的魅力。换个角度，原本很烦乱的生活也会有激情与乐趣。

生活就像一面镜子，当你对它笑时，你会发现它也跟着欢乐；当你哭泣时，它自然也跟着悲伤起来。它所呈现给我们的面目，取决于我们的心境，取决于我们选择什么样的角度。

一个诗人遇到了一位天使，他说："天使，你能给我幸福吗？虽然我能写出华丽的诗篇，并且有一个美丽的妻子和可爱的孩子，但是我仍然不能感觉到幸福。"这使天使为难了，他不知道还有什么比这更幸福的事情，最后，他终于想到了一个办法可以帮助诗人。

他先拿走诗人的才华，然后毁了他的容貌，继而夺去他的财产，然后让他和妻子分离，孩子也生病，天使做完这些事后便离去了。一个月后，天使再回到诗人的身边，他已饿得半死，衣衫褴褛地躺在地上，双眼毫无光彩。于是天使把他的一切还给他，然后又离去了。半个月后，天使再去看望诗人。发现诗人正抱着妻子和孩子，脸上挂着幸福的笑容。

不管生活是以怎样的面目出现，只要我们选对了角度，就能保持一种乐观的心。要是有烟头在地毯上燃烧起来，你要感谢，好在及时发现；要是一根刺不小心扎伤了你的脚趾，你应该高兴幸好那不是一根针。只要跳出固有的方方格格，你就会从容坦然地面对生活，就会对生活中的一切心存感激。

心灵许愿瓶

我们总是难免会遇到各种各样的场景，有很多都让人不顺心，因此，一定要给自己的心带一面多面镜，从积极的角度去看你的周围，就会有一个截然不同的心情，自然你的画面也会充满了美感与和谐。

4. 找到最富有感染力的镜头

你知道自己在什么时候最美吗？你知道你最感染人的是什么吗？西方哲人说：寻找，就能寻见。你必须找到你最富有魅力的一面，因为只有让自己处在最适合自己的环境中，做自己最喜欢的事，才能将自己的能量发挥到最大，展现你独特的魅力！

如果你读过《麦田里的守望者》，那么你一定知道作者杰罗姆·戴维·塞林格，可是他成名后选择的是隐居生活。他说："我喜欢写作，不过我只是为自己和自己的快乐而写作。"怀有这样的生活态度，他虽然生活艰辛也信步闲庭，身心健康，享年 91 岁。谈到梭罗，就会想到《瓦尔登湖》，作为一个从哈佛出来的人物，他毅然舍弃城市的现代生活，在瓦尔登湖边的林野亲手搭起一间简陋的小木屋，独自一人在里面住了两年零两个月，快乐地过着一种近乎原始的生活。对于他们的生命来说，最有感染力的不是他们在某个领域的成就，而是他们对待生活的态度：突破拘束，做自己有兴趣的事。

有一位纽约的神父被请去主持一位流浪歌手临终前的忏悔。他听到病人这样说："仁慈的上帝！我一生最喜欢的就是唱歌，我的愿望就是用自己的歌声给人们带来快乐。作为一名黑人流浪歌手，我实现了这个愿望，我没什么要忏悔的。现在我只想说，感谢您让我非常满足地度过了这一生，现在我的生命就要结束了，我已经死而无憾。"接着，他转向这位神父，说："神父，我只想请您转告我的孩子，让他们做自己喜欢做的事吧，他们的父亲会为他们感到骄傲。"神父听到这番话感到很吃惊，因为这名歌手的所有家当就是一把吉他，他的工作就是每到一处，就把头上的帽子放在地上开始唱歌。几十年来，他就依靠这种方式生活。随即，神父想起了另一个人的临终忏悔，那是一位富翁，临终前他对神父说："这一生我最喜欢赛车，我从小研究它们、改进它们、经营它们，一辈子都没离开过它们，我还从中赚了大笔的钱，一辈子都是如此。这种生活让我很满意，我没什么要忏悔的。"

黑人歌手和富翁的话，让神父很感慨，他立即提笔写了一篇文章。他在文章中说："怎样度过自己的一生才不至于有遗憾呢？我想也许就是这样：做自己喜欢做的事，并且依靠这个在这个世界上活下去。"

有人曾问爱因斯坦："是什么原因使你十几个小时泡在实验室辛勤地工作？"爱迪生却说："我工作过吗？我从来就没工作过，我只是在做自己喜欢的事情。"只有做你喜爱的事情，才能焕发你全部的热忱并能坚持到底，古希腊语中热忱的意思是内心之神，由此可见，焕发热忱会让你变得有多美。

成功学家卡耐基曾经向很多成功人士请教成功的第一要素是什么，得到的大部分回答是：做自己感兴趣的工作。那么工作再累，都是快乐充实的事情。然而，我们一般人的生活方式通常都本末倒置，我们寻求着自己能做的事情，而不是自己想做的事情，我们将工作当作了一种谋生手段，而不是从中获得快乐。我们常常会说："我不是很喜欢这份工作，但我准备干10年，等有了一定的积累后，我再去干我喜欢的工作，这样我就会成为快乐的人。”真的能这样吗？在成为一个快乐的人之前，我们要将自己的青春和精力整整耗费10年甚至更长时间，只是为了那件事情我们做下来能解决生存的需要？还是我们不够勇气去寻求？

有一个男孩出生于英国施鲁斯伯里镇的一个医生家庭，因此16岁时他便被父亲送到爱丁堡大学学医。可男孩无意学医，在爱丁堡的两年，他完全是休闲度日，不务正业，他的父亲见此把他送到了剑桥大学，改学神学。可是这个男孩却发现自己根本无法了解那些难以理解的东西，幸运的是，在那他结识了一个植物学家，他发现自己对植物及地质感兴趣。于是，在毕业后他放弃了继续研究神学，转而自费参加了一次环绕世界的科学考察航行。他们在南美洲东海岸的巴西、阿根廷等地和西海岸及相邻的岛屿上考察，然后跨太平洋至大洋洲，继而越过印度洋到达南非，再绕好望角经大西洋回到巴西，最后于1836年10月2日返抵英国。

长达5年的航海彻底改变了他的生活。从这次航行中他总结出了一条经验：勤奋并专心致志地对待自己所研究的任何事物。航行结束后，他全身心投入到了研究中。1837年7月，他开始写作《第一本笔记》。1859年，他出版了《物种起源》，影响了历史的进程。

他差点就成为了医生，或者一个神父，他也曾被认为使家族蒙羞，更曾辜负了父亲对他的期待和付出。然而，最后他成了达尔文，正是因为对自然的热忱，才让他终身奉行自己的经验：勤奋并专心致志地对待自己所研究的任何事物，兴趣是他钻研的最大动力。这样的例子比比皆是，爱迪生凭借自己的兴趣成为拥有众多发明专利的大发明家，乔布斯凭借自己的兴趣创造了苹果公司，比尔·盖茨凭借自己对计算机的痴迷缔造了微软神话，做最能感染自己的事情，是他们共有的特质。

一个不在自己兴趣上做事的人，就如同拍一个缺乏热情的镜头，过程是极其疲惫的。所以，与其花很多时间在没有美感的镜头上，不如花些时间去寻找自己最美的时刻！

心灵许愿瓶

如果你现在做的事情能够激发你的热情，带给你强烈的成就感，让你愿意全身心地投入其中，那么恭喜你——你找到了最有魅力的自己。

5. 小布景，大效应

即使是很小的一处布景，大小、颜色、形态、位置关系等丝毫都不能马虎。细节，常常是最能打动人的地方。生活中我们也常常为一些细节而感动，一句暖心的话，一个真诚的眼神……品味人生的美丽在于感受和发现细节，而忽视细节往往就会破坏整体的效应，酿成失败的苦酒。

郁达夫曾有一句名言："一粒沙里见世界，半瓣花上说人情。"一粒沙在宇宙中只不过是一个再微小不过的点，半瓣花瓣也只不过是大千世界的微小之物，可是两者都能折射出世界，世间微小之物不见得其效应就微小。当我们面对清晨绿叶上的串串露珠时，愉悦的心情就仿佛看到无数生命在微风中舞蹈，当我们凝视秋潭般碧澈的一双眼睛时，似乎读到的是无穷的言语。生活中这些细微之美，往往是人生路途中的至美，也是人类道德中的闪光之处。

诸葛孔明在死前对儿子说："勿以恶小而为之，勿以善小而不为。"

就是指小事的重要性。东汉陈蕃从小立志“一扫天下”，却从不愿意做小事。朋友到他家做客，见到房间杂乱，便劝他从小事开始做。陈蕃反驳道：“大丈夫当扫天下，安事一屋。”这一狂妄的论断很快就遭到了朋友坚决地反驳：“一屋不扫，何以扫天下。”的确，纵是你有“一扫天下”的大志，也必须具备从“扫一屋”做起的精神品质。

世界上第一位进入太空的宇航员加加林，在20多名候选宇航员中脱颖而出，原因是多方面的，但无疑一个细节帮了他不小的忙。原来在确定人选前一个星期，主设计师罗廖夫发现，在进入飞船前只有加加林一人脱下鞋子只穿袜子进入座舱。这一举动使罗廖夫对加加林的好感一下子提升了许多，他觉得这位青年如此细致，如此珍爱他倾注心血的飞船，于是他更愿意选择加加林作为宇航员。

这些都是一件细微小事引发的大效应，那么生活中小小的物件又有着怎样的影响效应呢？美国有一首由学者维纳编著的民谣：钉子缺，蹄铁卸；蹄铁卸，战马蹶；战马蹶，战士绝；战士绝，战事折；战事折，国家灭。大意是这样的：古代某国飞马传书，因马掌缺了一颗小小的钉子，造成马掌脱落，战马仆倒，马上的战士摔死了，信未送到，战争以失败告终，最终导致了这个国家的灭亡。

更有甚者，科学界有关于一粒灰尘引起的大事件。天文学家洛韦尔预言在海王星外有一颗尚未发现的行星后，匹克林用望远镜拍照观察了十几年却一无所获。直到冥王星被发现后，他才恍然记起自己曾拍的照片上在冥王星的位置上有个点，他记起当时镜头上有粒灰尘，可是当时并未留意，而现在冥王星出现的位置正是这粒灰尘所在的位置。于是，就因为这粒灰尘，让第一张冥王星的照片静静躺了11年，也让匹克林十几年的努力付诸东流。而在医学界又有一个相反的例子，同是一粒灰尘让弗莱明发明了青霉素。在他之前，很多人都注意到了霉菌抑制葡萄球菌现象，可是都没有能继续深入研究下去。在弗莱明培育菌种时，飘来一粒灰尘落到了培养皿中，结果受到污染的霉菌周围清澈透明，葡萄球菌繁殖区域的黄颜色消失了……弗莱明捕捉到了这个变化，从而发明了抗菌新药青霉素。

可见，任何微小之物，微小动作，都不容忽视。否则，不仅仅使人类进步的脚步缓慢很多，还可能导致巨大的损失。

20世纪50年代初，某国决定组织一次陆、海、空三军都参与的军事演习，规模宏大，场面隆重，世界各国的重要领导人都被邀请来参观这次演习，严肃的军容、整齐的列队和先进的武器使所有在场人士连连称赞。正当人们大饱眼福、意犹未尽之时，一架当时世界上最先进的战斗机被运到了演习现场，这台战斗机是首次参加军事演习，为了确保万无一失，在演习之前，相关部门已经对这架飞机进行了全面检查，地勤人员也对飞机实施了多次全方位的检测，连派遣驾驶这架战斗机的飞行员也是经过重重测试选拔出来的最优秀的一员。但让人始料未及的是，飞机启动之后，刚离开地面就发生剧烈震动，然后就一头栽到跑道上。随着一声巨响，映入人们眼帘的是滚滚的浓烟，还有支离破碎的飞机残骸，一场完美的军事演习以意外事故的发生而收场。

总统非常生气，亲自派人调查引发这次事故的原因。调查小组对飞机的各项技术指标及飞行员本人的情况进行了全面而深入的调查，却找不到原因。但调查工作并未停止，终于原因找到了，可是却令人难以置信。因为造成这次飞机失事的原因就是飞行员衣服上的一颗纽扣。在飞机起飞的刹那，飞行员衣服上的一颗纽扣掉到了仪器当中，致使仪器不能正常运行，影响了其他部件的运转，最后导致了机毁人亡的一幕。

古人说“千里之堤，溃于蚁穴”，强调的就是不要忽视小的失误。聪明人见一叶而知秋，糊涂人往往是因一叶而障目，其中根本的区别就在于人们对细节的态度如何，是否具有从微小事物中把握大局的能力。倘若飞行员能注意到扣子这个细节，也就不会酿成悲剧。

关注细节，不仅仅能趋利避害，更能帮助我们由表及里、由浅入深，洞悉事物全貌。它就如乱线的一头，能够让我们理清思路，有助于我们有效地应对和解决矛盾。正如一滴水能够折射太阳的光辉一样，最不起眼的细节中也蕴藏着事物的本质。养成注重细节的习惯，才能在简单的布景中体现你的别有用心，也能起到最大的积极效应！

心灵许愿瓶

生活就像无限拉长的链条，细节就如链条上的链扣，在链条中起着至关重要的作用，没有链扣，链条就会脱节散落。注重细节，便是注重生活的品质，也能更好地把握生活。

6. 背景音乐也是精致的艺术

一部电影的背景音乐，不仅仅是调节气氛的重要工具，也是表达情感的重要途径。背景音乐如看不见的潜流，轻轻流淌无处不在，曲水流觞之间，表现的是你个人的气质和品质。虽然是背景式的处理方式，可是也不容忽视，同样是一门精致的艺术。

走过几十年的生命，每个人都有自己的故事，也有自己的背景，它们可以是一段刻骨铭心的经历，可以是令人敬佩的资历，可以是一种让人折服的做事方法，甚至可以是某种特别的难以捉摸的神情……总之，它隐藏在你的身后，却能展现你真实的一面。

任何一种背景都需要精心准备，也需要细细录制。如果你从来都不注重你的背景音乐，或者根本没有这样的概念，你给人的印象总是会单薄许多。反之，好的背景音乐能烘托你思想的主题，也能让你更快速准确地表达你的思想。

一个公司因招聘编辑引来了100多个应聘者。应聘者的材料里除了各种不简单的个人简历，还有各种考级证书和各种奖励证书。经过几轮专业的筛选，剩下两位男生，两人笔试成绩并列第一，其余各项软硬件都很相近。

在最后一论面试中，第一位男生表现得既聪慧又幽默，简直无懈可击。第二位男生表现得既睿智又沉稳，简直没有缺点。面试将要结束了，胜负依然难分。这时，应聘官看到第二位男生的简历很简单，甚至连一张A4打印纸也没有写满。于是便问道："做这样一份简单的简历，你难道不怕输给别人吗?"结果，男生回答说："我还有一个博客，如果您对我仍有兴趣，欢迎来看看我的博客。"说完，写下了博客的地址。

应聘官难以取舍，他决定先去看看他的博客。那是一个开张了几年的博客，里面有500多篇文字，内容涉及大学生活、社会实践、网络技术、读书笔记、一次学生聚餐……点点滴滴记录的都是他成长的轨迹、思想的历程。应聘官从第一篇文字看到最近一篇文字，从第一张照片看到最近的一张照片，当即决定录取这名男生，因为他看到了他的成长和进步。

对于这个面试的男生而言，他在应聘时带来的背景音乐就是他的博客。点开他的博客，就如同一曲流畅的音乐开始放映，讲述的自然是主人的故事。快乐的、悲伤的、疑惑的、成长的，都将一一呈现，不用过多言语，也不用任何解释，便将一个更完整更真实的自我表现了出来。

好的背景音乐不仅仅是真实、完整、能体现自己的气质，更重要的是能感染听音乐的人。安静时它应该像流水叮咚，能让听音乐的人也受到感染跟着安静下来；活泼时它应该像群鸟鸣唱，能让听音乐的人心情愉快；沉思时它应该如古寺钟声，能让听音乐的人也进入到另一种境界。

生活中，常有将背景音乐当作精致的艺术品来好好揣摩的人。他们将隐藏的这种效应发挥至极致，从而也使人过目不忘，感慨万千。

张女士因生意关系需要经常去泰国，第一次她下榻的酒店是号称亚洲之最的东方饭店，而且印象还不错，第二次再入住后她对饭店的好感迅速升级。原因很简单，第二天清晨，她去餐厅吃早饭时，楼层服务生恭敬地问道："张女士是要用早餐吗?"张女士很奇怪，反问："你怎么知道我姓张?"服务生说："我们饭店有规定，晚上要背熟所有客人的姓名。"这令张女士大吃一惊，因为她住过世界各地无数高级酒店，但这种情况还是第一次碰到。张女士走进餐厅，服务小姐微笑着问："女士还要老位子吗?"张女士更吃惊了，心想尽管不是第一次在这里吃饭，但最近的一次也有一年多了，难道这里的服务小姐记忆力这么好？看到她吃惊的样子，服务小姐主动解释说："我刚刚查过电脑记录，您在去年的6月8日，在靠近第二个窗口的位子上用过早餐。"张女士听后很兴奋地同意坐老位子。小姐接着问："老菜单，一个三明治，一杯咖啡，一个鸡蛋?"张女士已不再惊讶了："就要老菜单。"张女士就餐时餐厅赠送了一碟小菜，由于这种小菜是她第一次看到，就问："这是什么?"服务生退两步说："这是我们特有的小菜。"服务生为什么要先后退两步呢？原来他是怕自己说话时口水不小心落在客人的食物上。这种细致的服务不要说在一般酒店，就是在美国最好的酒店里张女士都没有见过。

后来张女士两年没有再到泰国去，但她在生日那天，突然收到一封东方饭店的生日贺卡，并附了一封信，信上说东方饭店的全体员工十分想念她，希望能再次见到她。张女士很激动，发誓再到泰国去一定要住在东方饭店，并且要说服所有的朋友像她一样选择东方饭店。

这个饭店的成功秘诀不是什么怪招，而是惯用的传统办法：提供人性化的优质服务。但是与别家不同的是，他们将这种方法不遗余力地做到最精致的高度，这就成为了他们让人舒服的背景音乐，在饭店入住过的客人，只要一想到服务，肯定最先会想到让他们难以忘记的东方饭店，这就是背景音乐的魅力，能适时地唤起美好的记忆，引人进入一种享受的状态。

而对于我们个人而言，也未尝不是如此。你拥有的很多特质都可以当作一种背景音乐来录制，你善良，这就是一种极好的背景音乐，让人们去聆听最诚挚的声响；你幽默，这就是一种轻松的背景音乐，让人们因为你而快乐不断；你创意搞怪，这是一种能帮助人的背景音乐，能让人在需要灵感时把你找出来“听一听”；你够义气，这也是一种鼓舞的背景音乐，能让人听着轻轻依靠，将伤心都收起来。

去录制你的背景音乐吧，你知道自己有哪些隐藏在身后的感染人心的东西，这一切都是珍贵的元素，而这门精致的艺术也是我们必须学会的！

心灵许愿瓶

愿我们从现在起记住“背景音乐”这个词，并且尝试着去好好录制它，选择合适的时间、合适的场景播放它，让它成为你电影里动人的旋律，为你的电影创造更高的意境和美。

7. 想拍得更好，需要点巧劲儿

想让你的画面拍得更好？你需要的不仅仅是过硬的技术，还需要一些巧劲儿。掌握了巧劲儿，你就能在更短的时间内提升画面的质量；掌握了巧劲儿，你就能用最低的成本得到最大的收获；掌握了巧劲儿，你就能用较简单的办法去解决较复杂的问题。

巧劲儿之所以被称为“巧”，是因为用劲儿小却能获得大的效应，这正是我们在创作中需要的方法之一，也是现在很多人都在使用的制胜方法。Google 公司在使用巧劲儿，他们舍弃了在首页上放客户广告的形式，使得传输的速度更快！亚马逊网络书店在使用巧劲儿，他们免费邮寄的服务方式使他们获得了比一般书店更高的利润。温蒂汉堡公司在使用巧劲儿，他们推出了可以灵活组合的多种不同口味的沙拉主菜，从而赢得了更多人群的喜爱。星巴克在使用巧劲儿，他们以咖啡为载体，开创的是一种独特的格调与氛围。

在英国，曾经有家报纸举办了一项有奖征答活动。题目是这样的：一个热气球上载着3位关系人类兴亡的科学家，第一位是环保专家，他的研究可拯救无数人免于因环境污染而面临死亡的噩运。第二位是原子专家，他有能力防止全球性的原子战争，使地球免于遭受灭亡的绝境。第三位是粮食专家，他能在不毛之地运用专业知识成功地种植谷物，使几千万人脱离因饥荒而亡的命运。现在，热气球由于充气不足即将坠毁，必须丢出一个人以减轻载重，使其余两人得以生存。请问，该丢下哪一位科学家？问题提出后，高额的奖金吸引了各地答复的信件，在这些答复的信中，每个人都竭尽所能地阐述他们认为必须丢下哪位科学家的见解。最后结果揭晓了，巨额奖金得主是一个小男孩。众人都感到惊愕无比，但看到他的答案后，都心服口服，因为他的答案是：丢掉最胖的那位科学家。

大多数人思考的方向都在权衡哪个科学家留下来对地球的益处最大，哪个科学家被丢下去对人类的损失小一些，只有小男孩从巧妙的角度切入，得到了最好的答案。气球即将坠毁，我们最急需解决的只是如何减轻气球的重量，想得过多，反而失去了正确的方向。

巧劲儿不仅能使用小力气获得大的效应，更能将复杂变得简单，将难事变成易事。

一个退伍的老兵在镇上的学校附近买了一栋简陋的房子。他决定把房子布置一下，他买来一些花草种在花园里，又买来一些布做成漂亮的窗帘。他的家吸引了镇上很多孩子来花园里玩儿，加上他的家在学校附近，放学后，每天都有几个小孩在他家门口踢易拉罐闹着玩儿。老兵年纪大了喜欢安静，他忍受不了这些噪音，就出去跟孩子们谈判。可是没有人理他，孩子们只管继续自己的噪声游戏。老兵非常生气，但又一时想不到好的制止办法。又过了几天，他终于想到了一个解决办法。这一天，那几个孩子又来了，老兵走出来对他们说："你们玩儿得真开心啊。我喜欢看你们玩儿得这样高兴。如果你们每天都来踢易拉罐，我将每天给你们每人一英镑。"孩子们很惊讶，但是也很高兴，既可以玩儿，又可以拿钱，何乐而不为？他们玩儿的时间更长了。老兵也依照约定每天给他们每人一英镑。但是3天后，老人忧愁地说："通货膨胀减少了我的收入，从明天起，我只能给你们每人一先令了。"玩耍的孩子们显得不大开心了，一个孩子表情严肃地说："走，我们不干了，我们才不会为了这么一点点钱而浪费时间在这里表演呢！"于是，孩子们带着他们的易拉罐走了，再也不愿意到老兵的屋前来玩儿，而老兵也如愿以偿地过上了安静的日子。

换一种思维是一种巧劲儿。如果直接和孩子们商议，老兵不会这么简单地获得安静的生活。他的“巧劲儿”给自己既免去了很多麻烦，又达到了自己的目的。

因此，不要看轻了“技巧”这个词，生活中难免会遇到一些类似这样的事情，要想拥有幸福的生活，一定得学会一些巧劲儿。人生很漫长，除了保持不懈的努力，还需要学习一些技巧来简化我们所遇到的问题，来提升生活的质量，来节省我们的时间及精力。

心灵许愿瓶

使用巧劲儿，是智慧的体现。愿我们能一边智慧地生活，一边快乐地享受生活。用巧劲儿架起来的生活格局，显得更生动、更有味道！凡事学会先使用巧劲儿，你才能为自己减轻负担，才能在更短的时间内获得更理想的镜头！

8. 定格在最美的最后一个镜头

每部电影都有结束的时候，在那最后一个镜头，你要给人留下什么样的印象？告别一个故事，告别一段感情，告别一座城市，告别一种生活，这都是我们可能遇到的情况。只是，你会以怎样的方式去告别？不因失去而握着不甘的拳头，不因愤怒而留下埋怨的言语，不因遗憾而面露悲色，将一份美丽留给那最后一个镜头吧，这就是告别的艺术。

当树叶儿打着旋转从高空落地，这是在以最美的姿势告别秋天。

当第一只鸣蝉唱歌儿，这是春天与夏天的告别。

当第一片花瓣枯萎，这是花儿与芬芳的告别。

当风吹着手绢儿向离去的方向轻柔缱绻，这是不舍的告别。

在诗歌中，最美的告别就是席慕容的一首《渡口》：“……让我与你握别/再轻轻抽出我的手/是那样万般无奈的凝视/渡口旁找不到/一朵相送的花/就把祝福别在襟上吧/而明日明日又隔天涯。”握别、凝视、祝福、天涯，不说天长地久，却已越过沧桑。

与一份感情告别，就请温和地擦干眼泪吧，留一个最美的笑容给对方，因为以后便是天涯陌路；与一座城市告别，就请带好这个城市里所有快乐的记忆吧，与每一个朋友再拥抱一下，再去每一个喜欢的地方坐一会儿，这便是最好的告别方式；与一种生活告别，就斩钉截铁骄傲转身，不要被过去的阴影干扰，不要再被曾经的困难阻挠。

最后一个镜头，不管是留给自己，还是留给别人，记得一定要是美好的。就像当夕阳用温暖的光拥吻着大海，这是太阳与世界的不舍。当蜜蜂采完了蜜，向一朵花儿叩首，这是蜜蜂对花儿的感恩。

有一个妇人在一个大户人家的厨房帮忙。一天，因为一些原因她被主人家辞退，因为心有不甘，在离开主人家的时候，她苦恼地对每个人絮絮叨叨，说出早已积压在心中的不满。她认为自己受到了不公正待遇，但是没有一个人愿意听她的，更没有人同情她。

厨师是一个心存智慧的人，为了平息她的愤怒，他将妇人拉到一边对她说：“我知道你现在这么苦恼的原因，也有一个解决的办法。如果你不想再为此苦恼下去，现在请你到市场上买一只母鸡，走出市镇后，沿路拔下鸡毛并四处散布。你要一刻不停地拔，直到拔完为止。你做完之后就回到这里告诉我。”

妇人觉得这是非常奇怪的办法，但她没有任何异议。她真的去买了一只鸡，走出城镇，并遵照厨师的吩咐拔下鸡毛，沿途散布，然后她回去找厨师，告诉他自己按照他说的做了一切。

厨师问："这样做，你快乐吗？"

妇人说："我丝毫不知道这样做有什么意义，也不觉得心里有多少开心。"

厨师说："你已完成了事情的第一部分，现在要进行第二部分：你必须回到你来的路上，捡起所有的鸡毛。"

妇人为难地说："这怎么可能呢？在这个时候，风已经把它们吹得到处都是了。也许我可以捡回一些，但是我不可能捡回所有的鸡毛。"

"没错，夫人。现在您的埋怨不也是如此吗？它们散落路途，对您而言没有任何好处，并且就算以后你想收回这些伤人之语也收不回来了。"

妇人听了厨师的话，明白了自己的所作所为不过是徒劳，于是她转念，开心地收拾行李，又对每一个人说了一些关心的告别之语就离开了。

因愤怒而留下埋怨的言语，不如留一份关心给别人。我们每一个人一旦开始一段旅程，便是在对旅程中的每一个人、每一件事告别，因为总会有终点。往前过一天，便是与昨天又告别了一天。要知道，一旦走到终点，就再也没有机会相遇，也没有机会继续。为什么不留下一份美好呢？即使这份美好没有任何实质的意义，但总比留下许多鸡毛要好得多。

当不得不停止，追求的还未得到，那么请学会放弃，在泪水落下之前转身吧，留一个简单的背影；当不得不停止，还有负担在心，那么请学会放下，让自己有一个轻松的结束，留一份潇洒给别人。走过了一段路程，不论过程如何，结果如何，总是不易，对周围的人都说声谢谢，感谢这一路有你。对周围所得都抱着珍惜，因为曾经拥有，这就是一种缘分。天空云卷云舒，庭前花开花落，昔日种种都已过去。

如果这一路，你收获了，得到了，成功了，成长了，那么恭喜你，拍完了这个镜头，新的电影还在前方等着你。就在最后一个镜头前留下你最肆无忌惮的笑容吧！明天，还有更多内容等着你去经历！

心灵许愿瓶

完成一段创作，不论质量如何，就不要再去想，好好地休息吧！虽然我们是凡人，但在人生中要努力去做个贤者，不被生活所累，顺其自然，信步闲庭！

篇四：杀青篇

——举起谢幕的红酒，剧终写意尽在无悔笑容

第一章　聆听自己，执著路上看淡褒贬

结束一段创作，走完一段路程，收获的不仅仅是结果。电影一旦完成，便成了过去的经历。不论你是得到了赞美还是受到了批评，勇敢地去走完全程吧！每一次经历都必有其意义，每一次OK都已经是一种成功。如果可以重来，我们仍旧会选择勇敢，仍然会去努力完成，然后坦然面对，这样才无愧于我们的人生！

1. 如果有机会补拍，你想补拍哪里

如果有机会补拍，你想补拍哪里？人总是没办法将电影镜头拍到尽善尽美，但我们可以在努力中做到更好。英国大剧作家莎士比亚说过这样的话："聪明的人永远也不会坐在那里为他们的损失而悲伤。相反他们会很高兴地找出办法来弥补他们的遗憾。"与其懊悔遗憾，不如及时地改正错误，为以后的生活做出更好的判断。

有一位名医救治了很多的病人，许多人都慕名而来找他看病。有一次，他为一位女病人做手术，根据先前的诊断，女病人的子宫里长了肿瘤，需要切除。可就在手术进行中，他下刀后不久，马上就意识到自己犯了一个错误：他误诊了！子宫里长的不是危害身体的肿瘤，竟是个新

孕育的胎儿！此刻名医的心理斗争异常激烈，他陷入了挣扎中。要么假装糊涂，继续下刀，把胎儿拿掉，然后告诉病人摘除的是肿瘤，那么他依然能保证名医的称号。要么马上正视自己的错误，立刻把肚子缝上，然后告诉病人自己误诊了。

几秒钟的内心挣扎让名医浑身湿透。半个小时后他从手术室回到办公室，静待病人的苏醒。“对不起，”他站在女病人的床前说，“太太，请你原谅，是我误诊了，你只是怀孕，并没有长肿瘤。所幸及时发现，孩子安好，你一定能生下一个可爱的小宝宝！”听完名医的话，病人和家属都惊呆了，一时间大家都不敢相信自己的耳朵。过了一会儿，病人的家属如梦初醒，一下子就冲了上去，揪住名医的领子吼道：“你这个庸医！”医生为此遭受了一顿恶打，很长一段时间也再没有病人上门。

事后，医生的一位朋友觉得很不解，认为他的这一举动极其不智：“为什么当时不将错就错？说它是个肿瘤又有谁知道呢！”名医拍了拍自己的胸口，说：“可是这里知道！”

在生活中，我们不可避免地会犯一些错误，有的错误被人发现了公之于众，一笑了之，有些错误暂时没有人知道或永远不会有人知道。犯错的人，或为了面子死不承认，或心存侥幸，以为别人不会发现。这些人都是懦弱的人，因为他们在掩饰错误和心存侥幸时，已经将勇敢弄丢了。

一天，孔子带领着几个门生外出讲学。师生们来到海边，忽然天空出现电闪雷鸣，接下来是狂风暴雨。孔子及其弟子们在当地一个老渔翁的领路下进了一个山洞避雨。这山洞面对着大海，是老渔翁平常歇脚的地方。孔子觉得洞里有点闷热，便走到洞口观看雨中的海景，看着看着，不觉诗兴大发，吟成一联：风吹海水千层浪，雨打沙滩万点坑。

老渔翁听了，说道："先生，你的话不切实际呀！难道这么多海浪就只有千层，沙坑不多不少正好万点？先生你又没数，怎么会知道呢？"孔子觉得老渔翁的话有几分道理，便问道："既然您觉得不妥，那依您看要怎样改才合适呢？"老渔翁不慌不忙地说："咱生在水边，长在海上，时常唱些渔歌。虽然没什么诗意，但是起码合情合理，依我看你那两句应当改成这样：'风吹海水层层浪，雨打沙滩点点坑。'浪层层，坑点点，数也数不清，这才合乎情理。"孔子的弟子子路在一旁听着就火了，冲着老渔翁说："我老师作诗，你怎能乱改！"老渔翁拍着子路的肩膀说："你老师有老师的见识，但也不见得样样都比别人高明。比方说，怎么在海里打鱼，你们会吗？"一句话把子路问了个无话可说。老渔翁瞧着子路的窘态，也不继续说话，只见他飞身奔下山去，跳上渔船，撒开渔网就打起鱼来。孔子看着老渔翁熟练的打鱼动作，猛然间发觉自己一直以来都犯了个大错误，于是他把门生聚集在一起，表情郑重地说："为师以前对你们讲过'生而知之'这句话错啦！大家要记住：知之为知之，不知为不知，是知也！"

孔子的"知之为知之，不知为不知，是知也！"就是对错误的纠正。在《论语》中，孔子的弟子子夏曾说："小人之过也必文。"指小人对所犯的过错一定会采取掩饰、狡辩的态度。子贡说："君子之过也，如日月之食焉；过也，人皆见之；更也，人皆仰之。"意思是"君子的过失如同日蚀和月蚀，发生时人人可见；改正时人人都仰望。"说明君子与小人对待所犯过错的态度截然不同。同样，不同修养的人对待认错这件事的态度也相差甚大。在小人眼中勇于认错的人是懦弱无能的，但在君子看来，勇于认错并改正却是修养之一。

一个人想不犯错真的很难，但我们发现自己犯了错误并且承认错误并不是一件难事。认识到自己的错误是一种个人觉醒，敢于承认自己的错误便是一种修养，勇于认错并付诸行动的人，更是真正的强者。真正的勇者，敢于面对自己良心的拷问，这样的人才值得我们去敬佩。并且，当一个人有了承认自己错误的勇气，并主动去改正它，其本身就具有一种高贵的、受人喜欢的品质。

心灵许愿瓶

认错不再是孩子的专利，因为我们每个人都会犯错，也都需要承认需要改正。从现在起戒掉虚伪的面子，坦诚地面对自己的每一个错误吧，既能及时制止别人的批评，也能增加别人对自己的信任度。

2. 微笑着去接受，微笑着去欣赏

在这热闹的世界上，有太多人为了奔向生命的终点站而行色匆匆，殊不知，最美的风景就在奔跑的路上。当人生的列车终于驶入终点站，回首记忆中留下的仅是沿途的风光。那脸上露着微笑的人，定是享受了这过程的每一处精彩，不留任何遗憾。生命如此，只有用心享受过程，把握生命的精彩。

人生除了起点和终点，其他的都是过程，而且起点和终点所有人都是一样的，来什么也不带来，去什么也不带走。所以，人生与人生的主要差别在于过程的体验不同。

生命的过程，有的轰轰烈烈，有的朴实无华，有的义无反顾，有的大起大落，有的在平凡中见执著，有的在悲壮中见真情。总之在这漫漫路上，一块块里程碑记录的都是无可再版的故事，无论是平凡的还是不平凡的，都在告诉我们这其实是一次没有回程票的旅行，回头看我们的足印都是追求的写照。你或者至今仍未得到什么，又或者得到了什么又弄丢了，唯一不变的是地上的足印，是永远不会被抹去的。

在以色利，有一种很美的植物名字叫沙漠玫瑰，它是一种饱含诗意的植物。首先你第一眼看到的只是一堆枯萎的草。以色利朋友会跟你说：不要急，把它带回到你的国家，放在水里，连续仔细观察8天时间，你会发现它是最美的玫瑰。也许你无论如何也不相信，一堆枯草怎么可能成为美丽的玫瑰呢？第一天早上起来你就会发现枯草最里面有个嫩芽长出来了，你觉得它还是有点生命力的，但并不怎么美。第二天最里面会有一个花瓣绽放，第3天第二个花瓣绽放了，第4天第3个花瓣接着绽放，到第8天所有的花瓣依次绽放，你会发现它真的有一种说不出的美和诗意。如果你有个邻居第8天才到了你的家里，当你很兴奋地对他说：瞧！多美的玫瑰，这是一朵神奇的玫瑰。可能你的邻居根本不会明白为什么你这么说。因为他只看到了一朵玫瑰绽放在那里这个结果，并没什么稀奇的，他没有看到最有趣的过程。

翩飞的蝴蝶固然轻盈可爱，但它破茧的过程更值得人回味。舞台上几分钟的表演固然使观众陶醉，但台下长时间的努力更值得人尊敬。享受美丽正如享受生命一样，结果总不及过程精彩。如果我们只注重结果而忽视过程，那么追根究底，人生将是彻底无意义的，一切过程都只是虚无罢了。只有将对人生的关注移到过程上，才能体会生命的意义，这个过程中有酸甜苦辣，也有悲欢离合，每一段经历对应每一种滋味，都是我们一生不可或缺的组成部分，更不会因为我们生命的结果而有所改变。这是一个极其简单、质朴的道理，但并不是每个人都能真正以这种态度去生活，因为实际生活中我们实在是过于注重结果了。我们看得到居里夫人获得诺贝尔奖，获得至高无上的荣耀，却无法真正体会到她奋斗过程的艰辛，看不到那成千上万个日夜不知疲倦的奋斗。这份荣耀是她用宝贵的青春年华、健康的身体及美丽的容颜换来的，可是居里夫人本人却更享受过程，她将奖金捐献给科研事业和战争中的法国，那世人看重的奖章成了她6岁的小女儿的玩具。

在希腊神话里，西西弗斯是悲剧英雄。他因为藐视神明触犯了众神，而被惩罚将一块巨石推上山顶。由于巨石太重，每次快到山顶就又滚下山去，于是西西弗斯就一直这样重复着相同的事情。在众神看来永远到不了山顶的西西弗斯是最可悲的，因为没有什么比让一个人的生命在徒劳当中慢慢消耗殆尽更糟更令人痛苦的了。然而，西西弗斯却义无反顾地选择了继续移动巨石，因为这代表着他热爱人类所必须付出的代价，也是抗争失败的结果，他虽然用力，也在这个过程中不断地体会生命抗争的决心。因此，他更称得上是一个英雄。

秋天，人们都在田地里收麦子，只有一位孤独者在大白天倚靠着一棵大树懒洋洋地晒太阳，他衣衫褴褛，神情懒散，还不时无精打采地打着哈欠。一位智者正好从此经过，看到这位孤独者，好奇地问道："年轻人，这么好的季节，这么好的阳光，你不去收麦子，懒懒散散地在这儿晒太阳，岂不辜负了这么好的季节吗?""唉!"孤独者叹了一口气说，"你有所不知，在这个世界上，我除了自己这副躯壳外一无所有，因此又何必去费心费力地做那些苦力活呢？我每天要做的事就是晒晒我的躯壳，不让它生病就行了。""你难道没有家人?""没有，与其承担家庭的负累，不如干脆孤身一人来得轻松。"智者问："那你也没有你爱的人吗?”“没有，与其爱过之后一切成空，不如不要开始爱。”“那你也没有朋友?”“没有，与其得到友谊还会因为各种原因失去，不如干脆不去结交。”“那你也不想赚钱?”“不想，钱来了还是会花出去的，我又何必为了它劳心费神呢?”“噢,”智者若有所思，“看来我得帮你找根绳子。”“找绳子干嘛?”孤独者好奇地问。“帮你自缢!”“你要我自杀?”孤独者惊诧道。“照你的逻辑，人生下来最后总是会死的，与其最后死了还不如干脆就不出生，现在你出生了，你的存在本身就是多余的，所以我建议你还是自缢而死，也不必在这儿晒太阳了。”孤独者无言以对。

是的，正如智者所言，如果按照忽视过程的逻辑去生活，还不如直接奔向死亡。每一个生命，只有自己经历了各种过程，才称得上精彩。至于孤独者所说的各种失去和各种痛苦，又何尝不是一种精彩呢？生命里，没有一个人是为了体验痛苦而来的，我们的目的都是追求幸福，享受快乐。但是我们的人生过程如果一味地只是幸福快乐，那一定又会少了许多趣味和体会。弯曲的小径比直通的路更意味深长，经过万难才采得的花儿一定比路边摘取的花珍贵。所以，那些痛苦的过程，我们为什么要排斥或者干脆全部省略呢？

生命犹如一棵树，有蓬勃的生长，有努力的成熟，也会有沉默的凋零、风雨的侵袭。但在凋零时，谁能否认这棵树的生命力呢？又有多少人会记得这棵树的美丽灿烂呢？因此，当春风来时不必太得意，当秋风来时也不必太自怜，当冬雪覆盖时也不用枉自嗟叹。

你大可什么也不顾，理直气壮地面对眼前的光景，去领会每一刻属于你的那份怡然和体悟。是春风的吹拂，就伸开怀抱，去听听风吹叶的声响；是秋风的吹扫，就在萧瑟中再跳一支动人的舞蹈，为这落寞的季节添上一些诗意；是冰冷的冬季，就在寂寞中默默地沉睡吧，等待大自然将你唤醒，再继续找到属于生命的永恒！

心灵许愿瓶

不论环境如何，遭遇如何，结果如何，愿我们都学会自如，学会微笑着去体会这唯一的过程，在这有限的生命里，机会只有一次，感受也只有一次，终点是哪并不重要，重要的是我们的轨迹。

3. 每一个场景都将有其意义

我们经历过学习，学习让我们懂得智慧；我们经历过挫折，挫折使我们变得坚强；我们经历过痛苦，痛苦让我们变得成熟；我们经历过爱情，爱情让我们懂得责任。不管在那些电影场景里，我们经历了什么，都要相信每一个场景都有其意义，每一个场景都值得回忆。

米沙·麦斯基是年轻一代大提琴家中最杰出的天才之一，他在伦敦、巴黎、柏林、维也纳、纽约、东京以及世界其他音乐中心都受到热烈欢迎。他将自己看作一位世界公民："我演奏的是意大利大提琴，用法国的弓子，琴弦是奥地利和德国的，我的女儿生在巴黎，大儿子生在布鲁塞尔，小儿子生在意大利，我开着日本汽车，戴瑞士手表和印度项链，我在任何地方都如同在家一样，只要那里的人们欣赏和喜欢古典音乐。"

这样一位看起来功成名就的大提琴家，其实曾经历过牢狱之灾。米沙·麦斯基出生于拉脱维亚，在苏联接受教育。1972 年 11 月 7 日，米沙·麦斯基的姐姐和家人在 1969 年 1 月移民去了以色列，政府就觉得他也一定会跟着去，但是由于米沙·麦斯基成绩拔尖，政府并不愿意就这么白白地让柴可夫斯基大赛第一名的学生流失，于是政府提出要米沙·麦斯基把一笔高额的学费如数奉上，才肯放他离开。米沙·麦斯基自然交不出来，他领不到成绩单，没办法完成学业，更拿不到学位证书，最后政府还以“妨碍货币流通”将他关押了 18 个月。从牢里出来时，米沙·麦斯基已经有 18 个月没有碰琴，但那段不幸的经历却没有影响他日后的演奏风格。反而，米沙·麦斯基觉得挺庆幸，虽然没有完成在莫斯科音乐学院的学习，却在人生的课堂成就了一段更为完整的学习。在牢狱中，他对人性有了更深刻的认识，性格也得到了大大的开拓，影响了他对音乐的理解和把握。谈到坐牢的经历，米沙·麦斯基是感谢的态度。

想想我们自己的经历，可能并没有经历过什么大风大浪来打磨锻炼，却或大或小的有着某种意义。我们经历童年，童年生活给我们的记忆留下了美好的回忆，童年生活建构的一砖一瓦都代表过去经验的累积与影响。我们经历了青年，一切都刚刚展开，一切也皆有可能，我们是挑战和创造的特使。我们经历了学习，在那里我们有最纯真的记忆、最激烈的热情、最执著的念头、最珍贵的感情。我们经历了亲情，这是世界上最自然的不可超越的感情，我们在亲情的怀抱里得到慰藉，得到倾诉。我们经历了友情，懂得了以心换心的真诚，更懂得付出和珍惜。我们经历了爱情，它使人变得成熟、有责任感，懂得信任和宽容。我们经历了挫折，它使我们从一朵经不起风吹雨打的温室花儿变成一棵顽强的野草。我们经历了欺骗，它使我们明白自立、明白如何辨别真诚与欺骗……我们经历了太多太多，这些经历教会我们的也太多太多，因此谁能说自己是毫无收获地从一个场景走到另一个场景里的呢？

苹果电脑CEO史蒂芬·乔布斯20岁时和创业伙伴一起在家里的车库开创了苹果电脑。他们拼了命工作，苹果10年内从一间车库、两个年轻小伙子，扩展为一家员工超过4000人、20亿美元营业额的公司。但当他正要踏入人生的第30个年头时，结果被自己亲手聘用的人开除了。原因是两人对公司发展的远景看法不同，而董事会并没有站在乔布斯那边。失业的乔布斯不知该如何是好，更觉得令企业界前辈失望了，他甚至想离开硅谷。但后来，他发现自己仍然爱着曾做过的事业，即使人们否定了他，可是他还是爱做那些事情，于是他决定从头来过。接下来的5年，他创办了NEXT，开了皮克斯，皮克斯制作出了世上第一部全电脑动画电影《玩具总动员》，现在已是全球最成功的动画公司。接着苹果购并了NEXT，他又重回了苹果，反败为胜。回顾自己的经历，乔布斯认为被苹果开除是他人生最好的经历。因为从头来过的轻松替代了成功的沉重，让他得到释放，自由自在进入这辈子最有创意的年代。他笑称这是帖苦药，却恰恰是他需要的。

没有一个场景会被浪费，就好像乔布斯被开除一样。缺乏这个场景，也就少了很多创意和辉煌。即使某些经历在当时看起来是绝境低谷，是你不愿意去经历的，可是经历了又何妨？是的，你可以选择怎样去演绎：是勇敢无畏目标坚定地生活，还是战战兢兢畏手畏脚地生活。就像米沙·麦斯基，他选择的是前者，让这段经历无形中成为他音乐演奏的助力；就像乔布斯，他也选择了前者，反败为胜，成就了另一段辉煌。

所以，只有明白生命中每一瞬间都有其意义，才会积极地去面对，才会懂得珍惜，以平和的心境去直面遭遇，在纷繁的大千世界里保持一颗平常心，继续去努力，这也是场景交付给我们的最大的意义！

心灵许愿瓶

人生就是一段段经历的链接，我们每天都在经历，昨天是今天的过去，去年是今年的过去，日复一日，年复一年。我们不断地去经历大大小小、形形色色的事情，每一次经历都使我们变得更成熟，每一次经历都值得铭记，都需要感谢和珍惜。

4. 做自己想做的，而不是去迎合别人

如果你的电影“收视率”并不高，原因是不符合大众的口味，没有很多人欣赏，评价也不高，你会如何呢？你是会继续导演你自己的电影，还是开始去迎合大家的口味？

一位老教授在课堂上点名让一个自己向来欣赏的学生站起来回答问题，可是他居然答错了。课间休息时，他特地找到那个学生询问了一下情况。原来这个学生有好几门功课都考得很差劲，老师和同学都议论纷纷，所以这个学生闷闷不乐。老教授听了之后，什么也没说。下节课开始的时候，教授从讲义夹中取出一张白纸扔到地上，点名问那个学生道：“这张纸现在变成了什么？”

那名学生一时愣住了，没想到教授居然会问这么奇怪的问题。过了

好一会儿，他才犹豫地回答："一张被扔弃的纸。"教授不置可否，又当着大家的面在那张纸上踩了几脚，纸上立刻就沾满了灰尘和污垢。然后，教授又请这位同学回答："这张纸变成了什么？""一张废纸。"那名学生皱着眉头说。教授没有说话，弯腰捡起那张纸，把它揉成一团扔在地上，请他继续回答。学生们都被教授的举动弄糊涂了，那个学生红着脸回答："毫无用处的纸团。"

教授不动声色地捡起纸团又展平，然后很快在上面画了一幅人物素描，还配了一首诗，而纸团的皱变成了少女裙摆上美丽的褶皱。这时教授举起画问那位同学："现在请你回答，这张纸是什么？"

那名学生一下子明白了教授的意思，干脆利落地回答："不管它在别人的眼里是废纸还是一幅画，它的本质就是一张纸。"教授脸上露出一丝笑容。

一张纸：无论你把它扔掉、撕碎、乱涂抹、揉成团，它的本质都不会发生改变。作为一个人也应如此，是正直的人，就不会用邪恶的思想来思考；是诚实的人，就不会堆砌谎言；是一个喜欢安静的人，就不会将自己放在热闹堆里。任何时候你只要去表达真实的自己，就是最好的方式！

有一位年轻人觉得自己一无所成，于是他去拜访了一位成功的长者，希望从那里获得一些启示。他告诉长者自己的遭遇：他总是尝试着鼓足勇气去做好每一件事情。但是，别人的评价并不高，他渐渐地就会对自己失去了信心，结果一事无成。因此，他感到非常的痛苦。

长者微笑着摇了摇头，然后问他："能不能告诉我，在你听到'香气'两个字时，你首先会想到什么？"年轻人没有迟疑就回答说："我会想到糕点。虽然我的糕点店已经在前些日子停业了，但是我现在仍然会不时地想起那些糕点的香。”

长者又微笑着点了点头，就带他去拜访一位画家朋友。见面后，长者就问了对方一个相同的问题。画家回答道：“这两个字会使我联想到百花争妍的郊外，能够给我的创作带来灵感。”之后，长者又带他去拜访了一位动物学家，动物学家的回答是：“香气这两个字，会使我想到眼下我正在研究的一些奇特的动物，它们利用身体散发出来的香味儿做诱饵，捕捉食物。”

他们辞别动物学家回到长者家中。长者问年轻人：“现在，你已经见过了两个出色的人物。他们对‘香气’的认识与你的看法相同吗?”年轻人摇了摇头。长者又问：“那么，他们之间对‘香气’的认识相同的吗?”

年轻人想了想，突然明白了。

任何有魅力的人，不是依靠迎合别人的兴趣让周围的人喜欢他，相反他只忠于自己。一个忠于自己的人，才能形成强大的磁场，才能散发一种独特的味道在不知不觉中吸引别人。所以，请把你自己最完美的香气跟全世界分享，这才是你展现自己的方式。让你的光芒尽情闪耀，让所有人都看到。也许你的周围会很冷清，也许偶尔也会有人来对你给予这样或那样的评论，但你必须能守住孤单，也坚决地忽视那些毫无根据的评价。你只要记得，你的电影是为自己而拍的，是你自己一手创造的，所得所失也只属于你，与其他人并无关系。

世界上很多东西都会自动消失，困难会消失，幸运也会消失，但是在你的世界里，自己却是中心，你必须控制住，也必须清楚自己的角色是什么。不要尝试着去扮演别人喜欢的角色，去做自己吧，尽你最大的努力做到最好。不论别人的看法如何，你才是改变自己人生的主力。我们越对自己负责，才越会快速地成长。

心灵许愿瓶

在生活中，每一个人都有着自己与众不同的香气，你也一样拥有自己的香气，不必和别人相同。你大可去做你想做的，去散发自己理解的香气，而不是为了迎合别人的审美和爱好去做。

5. 票房惨败，勇气不减

就让风继续嘶鸣，让雨继续侵袭。弱者在风雨中躲避，强者在风雨兼程。狂风会吹去强者昨日的悲伤，雨会洗去强者陈旧的印记，让强者拥有更加坚定的步伐。

面对挫折和失败，懦弱的人说：失败是高不可攀的山峰；消极的人说：失败是找不到出路的黑房子；而强者却说：失败是令你振奋的强心剂，是能激发你潜能的法宝。

在众多的名人当中，罗斯福面对失败所说的名言最让人感动，他斩钉截铁地说："那些批评家不算什么，那些在场外支招的专家什么也不是，对于竞技场上的磕磕绊绊冷嘲热讽的观众算老几。所有的功劳应该归功于那些在场上竞技的勇士，他们满脸灰土，流着血和汗，勇敢地挣扎着，不断地犯着错误，出着洋相。但只有他们才知道什么是陶醉，什么是奉献，什么值得为之一搏。只有他们才知道什么是成功的狂喜，或者失败了内心无悔于曾经奋力一搏。他们的灵魂永远与那些既不知什么是胜利也不懂什么叫失败战战兢兢的旁观者格格不入。”而我们就要做那些留着血与汗，满脸灰土但是依旧勇猛的勇士！

对于竞技的勇士，失败是极其正常的。即使是世界上极负盛名的作家们，在成为名作家之前，他们也曾不止一次地遭到退稿。

法国著名小说家福楼拜，其作品《包法利夫人》在1856年遭退稿，退稿信写着：整部作品被一大堆甚为精彩但过于繁复累赘的细节描写所淹没。

德国女作家安妮·弗兰克，将亲身经历记录成书，即《安妮·弗兰克日记》，这本书被译成30多种文字畅销全球。但这本书稿也曾在1952年遭到退稿，退稿信上写着：姑娘，恕我直言，你似乎缺乏一种将你的作品提高到比“新奇”更高一个层次的能力。

生于俄国的美国后现代派小说家兼诗人弗拉迪米尔·纳博科夫，成名作为《洛丽塔》。但这部作品在1955年遭到退稿，退稿信上写着：小说荒诞绝伦，与精神病人的梦呓别无二致，且情节安排上纠缠不清……作者竟厚颜之至，要求出版此书，我对此大为惊讶。我看不出出版此书有何益处，我建议将手稿埋入地下千年。

英国第一位荣膺诺贝尔文学大奖的名作家约瑟夫·罗德雅德·吉卜林，他的作品《无题》在1889年遭到退稿，退稿信上写着：很抱歉，吉卜林先生，您根本不知道怎样使用英语写作！

美国著名批评现实主义作家杰克·伦敦，他的作品《生活之法则》在1900年遭到退稿，退稿信上写着：您的小说读起来令人生畏，使人沮丧。

美国浪漫主义小说最重要的代表作家赫尔曼·麦尔维尔，他的作品《白鲸》在1851年遭到退稿，退稿信上写着：十分遗憾，我等一致反对出版大作，因为此小说根本不可能赢得广大青少年读者的青睐。作品又臭又长徒有其名而已。

19世纪美国最杰出的大诗人瓦尔特·惠特曼，作品《草叶集》在1855年遭到退稿，退稿信上写着：窃以为出版大作当属不甚明智之举。

瞧吧，如果这些退稿信是退到你手中，你会不会继续投稿？多半人会被打击，会怀疑自己，会将自己的作品放到抽屉里不再理会。但是极少数人会将这看作是一次激励，越挫越勇，越失败越要继续。纵观历史，每一位名人与伟人，他们的成功背后都有着不可言喻的辛酸与痛楚，他们也曾经彷徨过，呐喊过，但最终并没有被黑暗埋没。柔道大师经常教导他们的学生：“面对对手，要像杨柳一样柔顺，不要像树一样挺拔。”面对挫折的我们又何尝不是这样？不仅要学会抵抗不顺，更要以此为力量。

失败总是与成功并行，当你体验到失败时，成功就躲在离你不远的拐弯处，等待着它出击的时机。因此，失败的偷袭往往不过是一场考验你的闹剧，而最终成功的人，在遭受小失败、大失败、毁灭性失败等打击时，统统都会再次爬起来，接着往他的既定目标前进。

有一个男孩，读大学的时候，英语成绩一塌糊涂，尤其是听力和口语更差。有一次上英语课，他被老师叫起来回答一个简单的问题，他虽然心里知道这个问题的答案，可是却无法用英语说出来。于是他用中文说：“我可以写在纸上再给你看吗？”这句话引起了同学们的哄堂大笑。英语课上说中文是对老师很不礼貌的行为，老师生气地说：“这么简单的句子都不会说，你还是大学生吗？”接着老师又转过身去对同学们说：“如果你们不好好学习口语就会像他这样，成为笑柄。”这句话深深地伤害了他。从那时起他就下定决心，非要把口语练好不可！从此以后，他每天早晨都坚持到学校后面的小山上去练习口语。他练习的时候，不是说而是大声地喊出来。更让人不可思议的是，他的嘴里竟然含着石头。他认为自己的口语不好有两个主要原因，一是胆子小，不敢说；二是发音不准，说出来别人也听不清楚。喊英语，能练胆子；含石子，能练发音。

就这样，他坚持不懈地练他的口语，风雨无阻。遇见熟人，也不怕别人耻笑，即使别人骂他是疯子，他也不在乎。他认定了要这样做。他有必胜的信心。3 个月后，奇迹出现了，他不仅能流利地回答出英语老师的问题，甚至还为老师纠正了部分错误的发音。他就是疯狂英语的创始人李阳，他的英语不是说出来的，而是喊出来的。

英国哲学家培根说过："超越自然的奇迹多是在对逆境的征服中出现的。"鱼儿在曲曲折折的溪流中，尚且用那灵活的身躯走过无数迷宫似的路途，晚风在崎岖不平的山路中尚且蜿蜒前行，船只在浩瀚的海洋中一边提防着被颠覆的危险一边破开惊涛骇浪驶向岸边，它们都是战胜挫折的勇者。

每到夏季，在辽阔的非洲大草原上，都会有从撒哈拉沙漠刮来的漫天狂沙，其对当地环境的毁灭程度骇人。每次狂沙过后，矮小的灌木都被连根拔起，甚至许多高大的乔木也都被摧折，可是有一种叫做象草的植物却总是安然无恙。植物学家研究后发现，这种草本植物能安全的原因在于它枝叶的柔韧性特强，在狂沙的肆掠中，叶子呈 360°弯折，不会有丝毫的损伤，就是这种极其顽强的生命力使它在恶劣的环境中安然地生存下去。我们人又何尝不能学习这种植物?"天将降大任于斯人也，必先苦其心志，劳其筋骨，饿其体肤，空乏其身。"这是古来就有的名句。当我们理想的桅杆被风浪摧折时，当我们被命运搁浅在泥泞的沙滩而无处躲藏时，你要激励自己，不把失败放在眼里。第二次失败时，你要知道它再次来挑战你的意志。第三次失败时，你要知道自己就是屈服不败的人！第四次失败时，你要知道与它抗争到底！它再来，你就将它们统统都抖落在地，重重地踩在脚下，让它们成为生活历程中的一块垫脚石。

心灵许愿瓶

每一个理想的实现都必定会经历无数的挫折，每一次挫折都意味着一次严峻的挑战，一次失败了，再来一次，跌倒了就从原地爬起来，且轻快地承受，继续前行！我们没有退路，一切生命本就应该敢于去寻求最艰苦的环境，在最困厄的境遇中发现自己、锤炼自己，最后完成自己。

6. 镜头穿帮，微笑以对

镜头穿帮？难免！无理取闹的人来嘲讽，难免！与其愤怒以对，不如自嘲一番。自嘲有着别样的魅力，自嘲不会伤害任何人，既能体现你强烈的自信和乐观的心态，又能为自己增添另一种光彩。自嘲，在尴尬中能为你铺一个台阶，在紧张中能活跃气氛，在某种场合下还能智慧地回应无理取闹的人。

传说古代有个姓石的学士，人称“石学士”。有一次，他在大街上骑驴，不慎当着众人的面摔在地上，顿时周围的人不知所措，可这位石学士不慌不忙地站起来说：“幸亏我是石学士，要是瓦的，还不摔成碎片?”一句妙语，说得在场的人哈哈大笑。这就是自嘲的魅力。

在现实生活中，不乏自嘲的人，他们给单调的生活增添了许多乐趣和色彩。心理学家认为，懂得自嘲的人不但生活得快乐，自身的心胸与气度也更宽广。在一次比较正式的交际场合，一个胖子摔倒了，在场的宾客都无不等着他的反应，只见他慢慢地爬起来，笑着说：“如果不是我这一身肉托着，非把我的骨头摔折了不可。”此话一出宾客们哈哈大笑，对他反而好感倍增，都想和他结为朋友。同样，英国作家杰斯塔东也是一个胖子，他曾自嘲道：“我是个比别人亲切3倍的男人。每当我在公共汽车上让座时，便足以让3位女士坐下。”这种将尴尬的场面化解，使得氛围充满了欢笑的言语足以溶解一些腐朽的念头。而古今中外的很多名人们，都善于通过自嘲揶揄生活中的缺陷，三两句话便将缺陷化为个人魅力。

林肯是美国历史上的一个极具魅力的人物。他出身贫贱，自学成材，却是美国历史上最受欢迎的总统之一，是什么使林肯享有这样高的感染力？林肯的幽默自嘲是重要的原因之一。

林肯的自嘲是机智的表现，既不夸张也不庸俗。他的一副丑陋相貌经常被人攻击，因此林肯在相貌上也巧做文章。有一次，道格拉斯指控林肯说一套做一套，完全是个有两张脸的人。林肯回应说：“道格拉斯指控我有两张脸，大家说说看，如果我有另一张脸的话，我会带这张丑脸来见大家吗?”林肯的话逗得大家哄堂大笑，连道格拉斯自己也跟着笑了。一场激烈的辩论一下子轻松了许多。

对于自己的竞选失利，林肯自嘲说：“我出身卑贱，长大后缺乏有钱有势的亲友举荐我。如果你们认为我不适宜当选也无所谓。反正我已习惯了失望，绝不会为了这一次的挫折而恼恨自己。”由于贫困的出身，林肯初任总统时有人笑话他的父亲曾是个鞋匠，林肯自嘲说：“不错，我父亲是个鞋匠，但我希望我治国能像我父亲做鞋那样的娴熟高超。”他的话博得人们的一片喝彩声。

这就是林肯的自嘲，富有智慧，也充满情趣，既勇敢又坦诚，将自己和人生都看得很明白。他的自嘲，使得自己居于敌手之上，使敌手的一切可能的嘲笑丧失了杀伤力。在一次次的自嘲中，更体现了他平和、潇洒的态度，机敏的应变能力，豁达超然的胸怀和调侃的心态。

自嘲，也是一种对生活的哲学式态度，它要求与生活保持一个距离，暂时以局外人的眼光来发现其中的趣味。希腊哲学家苏格拉底的妻子是个泼妇，常对他发脾气，而苏格拉底总是对旁人自嘲道：“讨这样的老婆好处很多，可以锻炼我的忍耐力，加深我的修养。”

张大千第一次见到心仪已久的梅兰芳时，紧紧握着他的手说：“您是君子，我是小人。”见梅兰芳吃惊的样子，他又接着说道：“您是唱戏的，动口；我是画画的，动手。君子动口不动手，所以您是君子我是小人。”张大千这番寓意深刻的自嘲，不仅给梅兰芳留下了难以磨灭的印象，也博得在场宾客热烈的掌声。他的自嘲，既是对梅兰芳的赞扬，又并不失自己的大度，是调侃也是自信。

生活中的自嘲是一种艺术，懂得了如何收集和运用自身的缺陷，就知道了如何面对纷繁复杂的人生。自嘲也是温暖人生的一缕阳光，妙语连珠，幽自己一默，在别人嘲笑你之前，你先嘲笑自己，既能解围制造宽松和谐的气氛，又能使自己活得更洒脱，周围的人也会因此感到你的人情味和智慧。自嘲还是一种积极的人生态度，是一种豁达的力量，它使生活总是充满机智和自信，学会用自嘲梳理矛盾，快乐和温暖就会与你如影随形。

心灵许愿瓶

我们与其为了掩盖自己的缺点忙碌，倒不如轻松地自嘲一下自己，保持良好的心态，以达观看待生活中的一切，并且遇事拿得起，放得下，这或许才是真正快乐的开端。

7. 假如你可以重新再来

人生不可以重来，但是人生有长度。过去的电影不可重拍，但是将来还有无数场电影等待我们导演。每一次结束，每一次与过去告别，我们都会不由自主地问自己一句：倘若可以重来，我会怎么样？这是在假设中对过去的总结和反思，也是为将来做的更理智的规划。

在心理学上曾有个很有趣的实验，实验者把一面镜子放进黑猩猩笼中，让黑猩猩经常有意无意在镜子中看到自己。几天之后，将黑猩猩麻醉，在它额头上点一个红点，然后把镜子搬走。黑猩猩醒来后，因为没有镜子，它并没发现自己有什么异常，也不会用手去摸额头。但是当又把镜子放进笼子后，黑猩猩一看到镜子中的自己，便立刻用手去搓额头上的红点。这个实验证明了动物的自我意识的能力。

当猩猩没照镜子前，并没发现自己额头上多了一个红点，即使你在它不能望见的背部点1000个点，它也未必知道，这是多么可怕。而人恰恰如此，经常不容易发现已经点在自己身上的“红点”，只有经常照照镜子，才能发觉。而这面镜子，就是对自己的反思。人生是由许多的经历组成，人们往往不愿意回顾自己的一些不愉快的经历，只愿意在人面前去探究自己的精彩部分，只有少数人会用过去的经历去比照现在，以得出自己的经验，只有学会反思，学会停下来回头看看，才会不断进步。就像一辆汽车必须要补充汽油，才会跑得快一样。

苏格拉底说，一个没有检视的生命是不值得活的。柏拉图更进一步说，反省是做人的责任。没有反省能力的人不配做人，人只有透过自我反省才能实现美德与道德的结合。

卢梭在少年时当仆人，他偷过主人家一条用旧的丝带。主人发现后，他在众目睽睽之下，将此嫁祸于诚实的女仆玛丽，致使这位少女蒙冤受屈，无辜被辞。后来卢梭为这件事陷入痛苦中。他在名著《忏悔录》中对自己这种极不光彩的盗窃行为作了严肃而深刻的批判，他说："我经常看到这个可怜的姑娘前来谴责我的罪行，好像这个罪行是昨天才犯的，为此我苦恼得睡不着。"为此，他把这件丑事公诸世人，以求得到那位姑娘的谅解。

卢梭的这种反省是大胆的，也正显示了他的坦荡胸怀。人生就像一面镜子，上面不时会有一个个小点，一个小的点不会影响你什么，但积少成多，终将影响你看到自我，擦拭镜子最好的工具就是一次次的反思。因此，曾子也说："吾日三省吾身：为人谋而不忠乎？与朋友交而不信乎？传不习乎？"

唐太宗是一代明君，缘于能经常反躬自省。贞观八年，唐太宗对周围的大臣们说："每当我无事静坐，就自我反省。对上，常常害怕自己不能使上天称心如意；对下，害怕被百姓所怨恨。我希望你们个个都正直忠诚，匡救劝谏，好让我的视听能和外边相通，使百姓没有积怨。"

贞观二十二年正月，唐太宗临终前对太子李治教诲时也反省了自己的一生："我做了许多错事，比如锦绣珠玉不绝于前，宫室台榭常有兴造，犬马鹰隼没有不去的地方，行游四方又劳民伤财，这都是大错，你不要以为这都是好事，总想学着去做。你应该从历史中找古代的贤明帝王为学习的典范，像我这样的不足以效法。"

反思生活，更是完善行为的一种能力。"智者千虑，必有一失"，人不可能尽善尽美，但人生应该努力地去塑造。成功者之所以能够成功，往往表现在能正确地对待不足和失败，能够在反省中总结教训，思考问题的症结和缺陷所在。

从前有一个人，每天要接见很多宾客，或者要出去办很多事情。但是每天下午5点半后，他就关起门来坐在书桌前，隔着玻璃门，可以看见他比上午忙碌。邻居感到好奇，他到底在做什么比做生意更重要的事情呢？

这个人，看上去呆呆地坐在那里，其实正在做一件更重要的事，他取出一支笔一张纸，在纸上飞快地写着：今天我学到了什么新的经商之道？今天我可能做错了什么事？今天使我浪费光阴的事情是什么？今天是什么让我有了偷懒的想法？今天这件事情如果是那样处理会不会更好？

这个人不但自己反省，也教别人反省。他每天把生活弄得清清楚楚，每天比昨天都更清醒更智慧。"人绝不可能两次踏进同一条河流"，却容易走同样的路程，经历同样的事。成功的人之所以成功，就是因为他们有承认自我、反省自我的意识和胸襟。静坐常思己过，就是需要我们能够勇敢地正视自己行为中的不足，不为自己找任何借口，在反省中领悟人生的意蕴和生活的智慧，只有这样才能摆脱自身局限，调和自己不合理的思维，找到更好的行为方式，使自己趋近完善。

其实命运待人都一样公正，只是有人多了一份释怀。路终究得走下去，与其一边走一边感叹，丝毫不想如何防止跌倒，不如反思自己应该怎样将更好的经验和行为方式带到以后的生活中。

心灵许愿瓶

一路跌跌撞撞，总算走过了几十个岁月，也经历过无数次事情，只是我们又花了多少时间去思考呢？愿我们在闲着时，能将过去的电影在脑海中放一遍，找到自己的优点，也看到自己的缺点，多一份释怀，也多一份勇气！

8. 最美的结尾源自无悔的坦然

也许你的影集里有让你回味今生的记忆，有令你难以忘怀的感情，有令你放不下的往事，还有难以消灭的火焰，有岁月无法侵蚀的珍藏。这一生，注定了会有许多的故事发生在你身上，而故事里的每一个情节都是你亲自经历，每一个结局也是自己亲自参与，不管时间如何流逝，很多东西都不会改变，而留在心中最美的就是这份无悔和坦然。

当看见那些早出晚归的工作者，在夕阳下坐着公交车回家，那张写满疲倦的脸上却洋溢着满足的笑容；当看见那些一大早出门的钓鱼者，在晚霞中拎着空空的鱼篓回家，一路上却依然留下快乐的表情；当看见那些分手的恋人重逢，虽然脸上带着一份不舍，眼里带着一份淡淡的忧伤，却依然潇洒地挥手互道一声珍重，不禁内心感叹：无怨无悔，坦然真好！“天空留不下我的痕迹，但我已飞过”就是对坦然最好的诠释。没有大海的波澜壮阔，我们可以有小溪的悠然自在。没有蓝天的蔚蓝高远，我们可以有白云的轻柔自然。没有草原的芬芳辽阔，我们可以有小草的青翠顽强。

人生不过短短数十载，与历史的长河相比，时间如白驹过隙，“弹指一挥间”，沧桑尽变。如果将我们生活的空间和时间编织成一个巨大的网，我们的生命大概只是其中一个极细极细的点。循着这织网上密密的点，你还会看到更多的点，它们起起伏伏，有的如朝霞般灿烂，有的如阴云般黯淡，有的如彩虹般华美，有的如黑洞般寂静。无论你在这织网上的位置如何，光彩如何，回首过去，只有坦然面对你的人生，无怨无悔，才能安然继续，这也是我们对生命最好的抉择。

古希腊神话里有一则关于英雄赫剌克勒斯的故事。在成为英雄之前，赫剌克勒斯经常离开生活的牧群，到寂静的地方思考他的生命路途应当是怎样的。有一次，他坐在那儿沉思，看见两个高大的妇人向他走来。一个穿着雪白的长袍，美丽、高贵、彬彬有礼，她的名字是“美德”。另一个雪白的皮肤搽了香粉和香水，看上去艳丽动人，她的名字是“恶德”。“赫剌克勒斯，”恶德笑着和他打招呼，“假使你选择我做你的朋友，我将引导你走最平坦的路。那里没有你尝不到的快乐，也没有你不能避免的不幸！你将不会参加任何战争，也不会遇到任何艰难，你将收获别人劳动的果实，并得到一切对你有利的东西。”同时，美德也来到他面前：“如果你选择我做朋友，我也将指示一条路给你，你将成为一切善良与伟大事业中的卓越人物。我将告诉你神祇对于人类的意愿。要明白人类不经过努力和辛苦是不会有所收获的。假使你想要收获，你就必须耕种。假使你想战斗得胜，你必须学会战斗的技术。假使你想能够支配你自己，你必须通过努力和锻炼使它强大。”

那时候，希腊到处是密林和沼泽，其间野兽出没，妖怪横行，时时刻刻威胁着人们的生活。赫剌克勒斯想了想，毅然跟定了美德女神。从这以后，他果然出生入死，在战胜无数猛兽的磨砺中变得勇猛无比，为人类屡建奇功，成为了古希腊神话中最了不起的英雄之一！

人生无处无时不选择，什么样的选择决定什么样的生活。赫剌克勒斯选择了“美德”，选择了神圣使命，就必须在磨砺中学会战斗的技术，学会骑马、射箭、投枪、游泳、击剑等，这是他无悔的选择，他当之无愧成为希腊神话里伟大的英雄。纵观人类历史，从古到今，千千万万的勇士和赫剌克勒斯一样，用自己的生命写下了无悔的誓言。“风萧萧兮易水寒，壮士一去兮不复返”是荆轲的无悔；“人生自古谁无死，留取丹心照汗青”是文天祥的无悔；“三十功名尘与土，八千里路云和月”是岳飞的无悔。

男人已经30岁了，可是他一事无成，而最美好的岁月正在离他而去，他心情坏透了。坐在餐厅里，看着周围年轻的人，他总是在想，如果生命可以再来一次，让我回到10年前，会怎么样？

一个老人与他同桌，看着他郁闷的神情，便问他有什么可以帮忙的。他说：“我就要30岁了，可是我还一事无成，根本没有享受过一天成功的日子。不知道等自己到了您的年龄时，我将如何回过头来看待自己的生活。”接着他问老人：“如果生命可以重来一次，您会怎么过？”

老人毫不犹豫地回答道：“我会和现在所过的一样，因为我生命中全都是美好的时光。”

男人问："怎么可能呢？难道您就没有什么遗憾吗？比如读书的时候没有更努力，比如没有找一份更好的工作，比如没有得到一份更完美的爱情，比如没有一个更可爱的孩子，比如晚年不能生活得更富足……"

"不，"老人打断他说，"当我还是个婴儿的时候，我能够在父母的呵护下健康快乐地成长，那是我生命中最纯真的时光。在求学的阶段，我获得很多知识，那是我生命中最快乐的时光。在我得到第一份工作的时候，承担了责任并且得到了报酬时，那是我生命中最得意的时光。当我遇到我的妻子，并且同时坠入了爱河时，那是我生命中最美好的时光。当战争爆发，我和恋人一起逃了出来，又安全地登上一艘轮船时，那是我生命中最感恩的时光。我们来到这里重新建起自己的家园，并且有了孩子，他们健康地成长，那是我生命中最幸福的时光。现在我已经60岁了，我很健康，我爱我的妻子，这也是我生命中最满足的时光。"

人生如一盘棋，子已落定就不能反悔，人生是一条长河，滚滚东去却再也不会倒流。虽然每个人的境遇不同，禀赋相异，但是只要我们努力，都能拥有一个无悔的人生。正如用心开过的花就不会败，因为所有的盛放与凋零都已凝结为永不褪色的美丽，用心追求的人生就不会后悔，因为所有盛年的努力都已铸就了生命的勇敢，无愧于心！

时常把"才下眉头，却上心头"的无名烦恼挂在嘴边，经常使自己的热情消蚀的人生是弱者的人生。无悔的人生应像空谷中吹响的号角，不但可以振奋自己也能激励他人，引领迷失方向的人穿过丛林。无悔的人生又像河流上顺水的一叶扁舟，行驶如离弦的箭。无悔的人生还应像夜里的萤火虫，在黑暗中将光芒传递，如同一盏盏引路的明灯。

心灵许愿瓶

如果可以给5年前的自己发条短信，你会说什么？人生就是很多个5年连接在一起，无论你是将自己的故事留在心里，还是说给别人听，只有其中那份使人清醒使人感叹的无悔才最打动人。它们是经历了磨砺之后形成的珍珠，璀璨藏在心中，令生命熠熠生辉。

第二章　悬念尽在谈笑间，句号后面更精彩

再回头看看吧，我们选取的景色，说过的台词，经历过的故事，都早已变成了彩色的画面。蓦然回首，这所有都化作了一张叫“曾经”的相片挂在了墙壁上。如果你愿意，请在温暖的灯光下摩挲着这照片微笑。如果你愿意，请看看窗外，此刻是也无风雨也无晴。如果你愿意，请在明天到来之前忘掉你的角色，去遇见你生命的无限可能。

1. 不计得失，片花比电影更精彩

谁说 NG 的镜头就毫无意义呢？作为电影幕后的片花，是电影之外的意外精彩，是原本被剪辑“失掉”之后的“得到”，是另一类我们生活的展示，所以不要因为曾经不经意的失去而感到可惜，因为谁也不能否认，这些片花同样能带来不一样的光彩！

一艘船在风浪中沉了，唯一的幸存者被风浪冲到了一座荒岛上。这位幸存者每天都翘首以待，希望有船来将他救出，然而船一直没有来。为了活下去，他就辛辛苦苦地弄来了一些树枝给自己搭建了一个“家”。然而不幸的事又发生了，一天当他外出寻找食物时，一场大火顷刻间把他的“家”化为了灰烬，他眼睁睁地看着滚滚浓烟消散在空

中，悲痛交加，眼中充满了绝望。第二天一大早，当他还在痛苦中煎熬时，风浪拍打船身的声音惊醒了他——一只大船正向他驶来。他得救了。“你们是怎么知道我在这里的？”他问。

“我们看见了你燃放的烟火信号。”

在一场电影里，片花就像这个被烧毁的“家”，看则是一种错误、一种遗憾，但是却能在不经意间带来不一样的效应。生活中每一件事情莫不如此，有失去的一面就有得到的一面，因此，不要因失去的而感到无所适从。

多一个错误无用的镜头，就多一个片花的镜头，那又有什么可惜的呢？如果没有左邻右舍茶前饭后高谈阔论的舒心，即使住在豪门内又有什么生活的乐趣？如果孩童没有追赶打闹的纯真与自由，就是功课再好又有什么美好的童年可言呢？如果工作没有满足感与快乐，就是环境再好、工资再高，又有什么心灵的慰藉与幸福呢？如果没有有趣的片花，再精彩的电影也少了一份温情与轻松。所以，失去一个能在电影中使用的镜头，并不是全无意义。

国王有7个美丽的女儿，她们都有一头乌黑亮丽的长发，所以国王送给她们每人100个漂亮的发夹夹住她们的长发。

一天早上，大公主醒来，一如既往地用发夹整理她的秀发，却发现少了一个发夹，于是她偷偷地到了二公主的房里拿走了一个发夹。二公主发现少了一个发夹，便到三公主房里拿走一个发夹；三公主发现少了一个发夹，也偷偷地拿走四公主的一个发夹；四公主如法炮制拿走了五公主的发夹；五公主也同她们一样拿走了六公主的发夹；六公主只好拿走七公主的发夹。于是，七公主的发夹只剩下99个。

隔天，邻国英俊的王子忽然来到皇宫，他对国王说：“昨天我养的百灵鸟叼回了一个发夹，我想这么精致的发夹一定是属于公主们的，这真是一种奇妙的缘分，不晓得是哪位公主掉了发夹？”

公主们听到王子的话，都在心里想：是我掉的，是我掉的。可是6位公主的头上明明完整地别着100个发夹，所以都无法开口承认，只有七公主大大方方地走出来说：“是我掉了一个发夹。”话刚说完，七公主一头漂亮的长发因为少了一个发夹全部披散了下来。王子不由得看呆了，决定将七公主迎娶回国。

100个发夹少了一个，就不再圆满，可是如果没有失去那一个发夹，就不会得到王子的青睐。连上帝都会在关了一扇门的同时又打开一扇窗，得到与失去本身就是彼此相依。“失之东隅，收之桑榆”，财富能给人享受的同时也带来苦恼，爱情给人带来快乐也带来了痛苦，成功能带来满足也带来了更多焦灼。反之，少了财富，多了一份健康；缺了爱情，多了一份自由；少了成功，多了一份奋斗。因此，吃了亏，不如说吃亏是福；丢了东西，不如说折财免灾；卸了任，不如说无官一身轻；逃过一劫，不如说大难不死，必有后福。

一个百万富翁注意到每天上午都有位衣着破烂的人坐在公园的椅子上死死地盯着他住的宾馆，百万富翁对此产生了极大的兴趣。这天，他走到那人的面前问：“我真的不明白你为什么每天上午都盯着我住的宾馆看。”

“先生，”这人答道，“我没钱没家没床铺，只得睡在这长凳上。不过，每天晚上我都梦到住进了那所宾馆。”

百万富翁听了以后，对他说：“我愿意为你实现你的梦。我将为你在宾馆租一间最好的房间。”几天后，百万富翁想打听一下他住宾馆的感受，但出人意料的是，这人已搬出宾馆，重新回到了公园的凳子上。

当百万富翁问这人为什么要这样做时，他答道：“当我睡在凳子上时我就梦见我睡在那所豪华的宾馆里，那种感觉真是妙不可言；但当我睡在宾馆里，我又梦见我睡在冷冰冰的凳子上，那让我睡得更沉稳，因为不用担心会失去什么，所以我还是回到公园里吧！”

生活就在得到与失去中摇摆，生命也如此。初生的婴儿总是紧握拳头，而人之将亡也总无一例外地摊开手掌。因此何必患得患失，就像徐志摩的那首诗里的一句话：“得之，我幸；不得，我命。”就像《金刚经》中所云：“得失随缘，心无增减。”心平气和，在得到的时候懂得必然的失落，在失落的时候懂得从失去中找到所得，才能免除烦恼。失去了春天的山花绚丽，就去收获金秋的硕果累累；失去了白天的阳光灿烂，就去欣赏夜晚的点点繁星；失去了童年的天真烂漫，就去体悟成年的成熟稳重，这才是智慧的人生、精彩的人生、豁达的人生！

心灵许愿瓶

愿我们每个人都能以平和的心态来看待我们的电影，精彩处淡然，看片花也坦然。当你在结束时回顾整个过程，一切都不再那么重要，因此无论对错，无论正式还是非正式，都可微笑面对。

2. 做自己的电影明星

像世界上没有两片相同的叶子一样，世间每一个人都是独一无二、不可复制的。唯其如此，每个人才都有其可爱动人之处，都有其不可替代的位置。在你的电影里，你就是最棒的电影明星，去感受自己的独特吧，你与别人的不同之处也正是最珍贵之处！

不论你是男是女，是高是矮，现在是贫穷还是富有，是智慧还是愚钝，是失意还是得意，是顺风还是逆风，是激情还是平淡；不论你是什么样的社会角色，是在奋斗中、重负中，还是在幸福中，在享受中；不论在什么时间、什么地点，一定要记住：你是自己的电影明星，你拥有无价的财富，你的财富就在于你的独特之处。

只要你充分相信自己在这世界上独一无二的特质，你就明白自己不是随意来到这个尘世中的。你的出世本就是一项奇迹，为什么不能再创奇迹呢？

在一次英国拍卖邮票的会上，出现了最少见最珍贵的邮票，这样的邮票世上仅存两枚，而且两张又同时出现在拍卖会场上。经过激烈的角逐后，一位收藏家以天价买下了这两张邮票，每枚100多万英镑，出手的慷慨惊动了拍卖会场上的所有人。就在众人仍然议论纷纷之际，这位收藏家走到台上，向大家宣布："各位都亲眼看到了，我刚以200多万英镑购得这世上仅存的两枚邮票，现在请大家做个见证，我要做一件事就是把其中一张——烧掉。"讲完，他立刻从口袋里拿出打火机，点燃了其中一张，几秒的时间，一张邮票就被烧掉了。来宾个个愣在那里，来不及阻止，都不敢相信这是真的，那可是100多万英镑啊，难道他发疯了吗？这时候，收藏家又开口了："大家都亲眼目睹了，我已经烧掉了其中一枚。换句话说，我手上的这一枚现在是世界上独一无二的，它才是真正的无价之宝！现在我要把它卖给懂得鉴赏它的人，如果谁有意，请出个价吧！"顿时，全场轰动，经过一场骚乱之后，喊价声开始不绝于耳，大家争先恐后想要获得这独一无二的至宝。最后，那枚邮票以500万英镑成交，打破了有史以来最高的拍卖纪录。

珍藏品之所以价值不菲，在于它的稀有，但它毕竟是有价的，花木果实、飞鸟走兽、河流山川、风雨雷电，虽然也有像我们一样的特质，但是它们都无法主宰自己。而人是无价之宝，独一无二并且能认识到自己的独特！在这个世界上，再也找不到一个人和你完全一样，你的样貌、身材、心跳、思维及每一种情感都是与众不同的。没有和你言谈举止完全一样的人，以前没有，现在没有，以后也不会有，你是独一无二的你自己。

独特的你，必须好好地利用这份独特，过去或许你并没有深刻地认识到这个事实，但从今往后，你必须不断将自我放在一个全新的高度，竭尽全力地去努力成为绝顶之峰，将你的独特展开到最大限度。否则，你的头脑、你的健康、你的思想、你的心灵都将随着岁月的流逝而迟钝腐朽，甚至全部浪费，成为一个人云亦云的人。

一只老鹰从很高的岩石上向下俯冲，用他的利爪抓在小绵羊身上。这么漂亮的捕猎动作让穴鸟心里很是羡慕，于是它想模仿老鹰的捕猎动作。穴鸟说干就干，它盯住一只又肥又大的绵羊，然后像老鹰一样从天而降，准确地扑向目标，用双爪死死抓住了绵羊。没想到的是，穴鸟的脚爪在关键时刻却被绵羊弯曲的毛给缠住了怎么也拔不出来。牧羊人这时候发现了正在挣扎的穴鸟，跑过去将穴鸟抓住带回去给孩子们玩儿，并把穴鸟的脚爪尖剪掉。孩子们很想知道这是什么鸟，牧羊人说："据我所知，这是穴鸟，但是它分不清自己和老鹰的区别。"

穴鸟不知道自己有自己的优势，反而去模仿别人的动作，酿造了自杀式的后果，对于我们人类，也同样如此。不知道自己多么了不起，无异于浪费自己的财富。已故诗人道格拉斯·罗马这样写道：如果你不能成为山顶上的一株松，就做一棵小树生长在山谷中，但须是溪边最好的一棵小树；如果你不能成为一株大树，就像灌木一丛；如果你不能成为一丛灌木，就做一片绿草，让公路上也有几分欢娱；如果你不能成为一只麝香鹿，就做一条鱼，但须做湖里最好的鱼……如果你不能做一条公路，就做一条小径；如果你不能做太阳，就做一颗星星……

世界因独特才美丽，独一无二的你也一定会作出独一无二的事情。你无法集所有的优点于一身，但是你的独特会造就你独特的方式！做自己的电影明星，展开你无穷无尽的独特美丽，将使得你的体能和脑力都超越以往的所有成就。不要因昨日的黯淡而失落，也不要因为昨日的成绩而骄傲，你能做的永远比已经完成的更好。因为没有人能复制你的才华，复制你的能力，抄袭你的成果，从今往后，你要充分展示你的个性，因为这是你最了不起的资本。

心灵许愿瓶

你有可以观察的双眼，有可以思考的头脑，你可以运用你的智慧明白自然界最大的秘密，洞悉命运中伟大的奥秘。要知道，一切烦恼沮丧、哀伤无奈都是乔装打扮，你必须找到那个藏在这些东西之后的独特的你，找到了，你就是创造奇迹的那一个！

3. 与人分享你的作品

如果有人问你："橘子为什么长成一瓣一瓣的呢？"也许你会回答："因为它就是橘子，一瓣一瓣是大自然造成的结果。"这种回答无可挑剔。但是从另一个角度，从橘子的形态也能悟出一个道理："橘子之所以长成这个样子，就是希望你能和大家一起分享橘子，而不是一个人自己吃！"

同样的道理，将你的作品呈现出来，是为了和周围的人分享你的所得所悟，这是一种智慧和大气。并且分享还能使你"收获"，如果你有

6个苹果，将其中5个拿出来跟别人一起分享，尽管表面上你失去了5个苹果，但实际上你却得到了其他5个人的友情和好感。

泥土将自己的养分给了花朵，花朵用绽放的颜色装扮泥土，这是花朵与泥土一起分享盛开的美丽。大山里山林的清泉叮咚潺湲，与绿树相映成趣，这是清泉与山林一起分享奔腾的快乐。歌者把歌声献给路人，路人认真聆听，这是歌者和路人一起分享旋律与温情。旅人把微笑送给同行者，同行者用信任馈赠旅人，这是旅人之间善意的分享。五彩缤纷的世界里，心怀纯真、向往美好的人们通过“分享”这个词得以感受无尽的人性真善与暖意。

真正的分享，就像苹果和梨子之间的交换，是一种互通有无。就像痛苦与欢乐之间的交流，是一种心心相惜。它是一座天平，你给予他人多少，他人便回报你多少。它是简单的数学符号，只要你解开了，便会明白它的真谛。分享像加号——如果我有一种思想，你有一种思想，那我们相互交换，每个人便有了两种思想。孟子有云：独乐乐不如众乐乐。说的也是这个道理。分享像减号——将心中的悲伤与人分担，他人便无形中为你减去一半痛苦。让你懂得倾诉，学会卸下悲伤。分享像乘号——一份快乐如果乘以一万或一亿，就是更大的快乐。分享像除号——一份悲伤如果除以一万或一亿，就是容易被忘掉的悲伤。这就是分享的魅力所在，这就是分享的高贵之处！

有两个人一同穿越大森林，一个带着食物，一个带着水。走着走着，两人不慎一同掉到了陷阱里。陷阱很深，他们怎么也想不出从陷阱中出来的办法。带食物的人想：“我带着食物，如果这些食物由我一个人吃，可能会熬得久些，被人发现救出去的几率就会大很多。”带水的人想：“记得有本书上说过，只喝水不吃食物也能活较长的时间，如果这些水由我一个人喝，也许会熬更长时间，等到救援的到来。”于是，带食物的不把食物给带水的吃，带水的不把水给带食物的喝。他们各自只吃自己的食物，喝自己的水，就这样熬着，时间一天天过去，到了第6天，带食物的已经严重缺水，带水的已严重饥饿。这时，带食物的想："要是我杀了他，把水抢过来，我就既有食物又有水，能活很长时间。"带水的想："要是我杀了他，把食物抢过来，我就既有水又有食物，能多熬许多日子，或许会有人来救我出去。"于是两人就打了起来。本来已经没有多少力气的两个人打来打去，带食物的出了许多汗，更缺水了，带水的消耗了许多能量，更饥饿了。就这样，第7天早上两人都死在了陷阱里。当天下午，有人发现了他们，到陷阱里去救他们时，看到陷阱里仍有没吃完的食物和没喝完的水。人们觉得十分奇怪，为什么有水有食物两人会死呢？

真正的分享是一种豁达，一种智慧，一种滤尽利欲、真诚待人的透明情怀，它需要宽大的心胸和坦诚的态度。只有拥有豁达和坦诚，分享才会成为一种成色极好的宝石，为你散射出生活的绚丽。分享是用心倾听，真情相拥。它将痛苦化风，嫉妒化雨，狭隘化水，自私化云，去挽回心灵的晴空。心胸狭隘者，冷漠自私者，利欲熏心者都不会懂得什么是分享。要是上面讲的这两个人懂得分享的道理，能把食物和水拿出来共同维持着，就可以被救出陷阱，幸福地与家人团聚了。

有一位农民从外地引进了一种小麦良种，不仅种植后产量大增，而且农民也成了村人眼中的种田能手。但马上他又变得忧心忡忡，因为他害怕别人偷去了他的良种，害怕自己会丢失种田能手这份骄傲，于是他想方设法拒绝村民们兑换小麦种子的请求，独自享受着丰收的喜悦。然而好景不长，到了第3年他就发现，他的良种小麦的产量变得跟普通的麦子一样。又过了两年，他的麦子连普通的种子也不如了。不仅产量锐减，还有病虫害，这个农民带着自己的良种小麦跑到省城请教专家。专家听他讲完自己的经历，告诉他，良种四周都是普通的麦田，通过花粉的相互传播，良种发生了变异，加上良种不多，抵不过大环境，品质自然就被破坏了。

相比拒绝兑换小麦良种的农民，英国的麻雀要智慧多了。在20世纪30年代，英国送奶公司的牛奶既不用盖子也不封口，因此麻雀和红襟鸟可以很容易地吃到奶瓶上层的奶油皮。后来，为防止鸟儿偷食，牛奶公司就把奶瓶口用锡箔纸封起来。但是20年后，有人发现英国的麻雀都继续吃它们喜爱的奶油皮，因为每只麻雀都学会了用嘴把奶瓶的锡箔纸啄开，然而红襟鸟却不再是奶油皮的主食者。因为麻雀是群居的鸟类，它们不断地将生存技巧拿出来分享。而红襟鸟则喜欢独居，不愿意过多的沟通，因此就算有某只红襟鸟发现锡箔纸可以啄破，其他的红襟鸟也无法知道这个“秘密”。

“独学而无友，则孤陋而寡闻”。一个懂得分享的人，会明白分享总是会使你在无形之中换取更加重要和丰富的东西。就像农民，倘若能分享自己的良种，改变周围环境，便能一直保持大的产量，对自己而言无疑是好事。就像红襟鸟，倘若懂得分享经验，它们也都能依然乐悠悠地继续吃它们喜爱的奶油皮。

生活中一个懂得分享的人，才会更有爱心和责任心。当我们分享美食时，就会开始懂得厨师的辛劳不易；分享丰收的果实时，就会开始懂得了劳作的辛苦；当分享喜悦时，就会懂得付出者的汗水和泪水；当分享我们生命里的每一次感动时，就懂得了感恩和宽容！

心灵许愿瓶

快乐是可以分享和传递的，就像耕作一样，你播撒的种子越多，奉献和付出的越多，收获也就越多。分享以信任为根，真诚为茎，理解为叶，宽容为花，结出快乐的果实。只有学会了分享，才能将你的收获传递，才能将力量绵延。

4. 把最美的镜头装裱起来

将最美的镜头装裱起来，是对过去的一种珍视、一种欣赏。收藏，可以让我们的世界充满馨香，让我们的生活丰满厚实，因此我们要学会珍藏，就像大海收藏红色的珊瑚、白色的珍珠、金色的鱼群，就像天空收藏轻柔的白云、动人的晚霞、飞翔的鸟群。生命因收藏而有了厚度，有怎样的珍藏就有怎样的生命。

生命中总有一些片段是你不想忘记的，总有一些画面是你想要一生珍藏的，总有一些记忆是永恒的。一个热爱生命的人，一定会无比珍惜自己的经历，珍惜其中的欢乐和痛苦、心情和感受，令人遗憾的是我们无法在生命轴上按暂停键，这一切不可避免地会随着时间的流逝而失去，但是美好却能以各种方式保存生活中的若干场景，有的人喜欢用相片的形式，有的人喜欢用录影的形式，有的人喜欢保留相关的物件，有的人喜欢铭刻在心里。

珍藏了最美最真的那一刻，便能在某个安静的时刻坐在窗边，循着线索回到当初。收藏是为自己建造一条时光隧道，带你回任何想去的岁月、想去的场景。难怪歌德要讲这样的话：“收藏家是幸运的。”

对于一个喜欢收藏的人而言，拥有的绝对不是几大箱、几大盒的东西，而是数年来春夏秋冬和酸甜苦辣的记忆，内心的满足感就是这些收藏给予他们的最大回报。老舍喜欢交际，与画家齐白石、徐悲鸿、黄宾虹、关山月、李可染等结为知己，于是收藏了大量的字画和扇子。夏衍酷爱集邮，从10多岁起就开始收集邮票，数十年一直没有间断。艾青爱好旅行，每到一个地方，便会带回一些当地的小玩意儿，于是收藏了很多贝壳、小动物化石、核桃壳、小葫芦及各种工艺品。郑振铎最喜爱读书，于是平日里生活简朴，省下钱来都买了书。金庸的世界是武侠世界，就像他小说中的那些隐士们一样，他沉迷于围棋，藏有围棋200余副。三毛的足迹遍布世界各地，每到一处她都要收集当地的首饰和一些富有异国情趣的物品，并将这些物品的来历写成了一个个美丽动人的故事……这些收藏的小东西，承载的都是他们的记忆和情感，他们从收藏中得到生活乐趣，生命也在收藏中愈加丰厚。

装裱收藏的虽然是物件，但实际上是我们的一份记忆、一份幸福和一份从容。

一个被生活所困的女孩，去公园里漫步散心打发烦恼的时间。她穿着一件极简单朴素的白连衣裙，把头发在脑后随便梳一条大辫子，又带了件快要完工的刺绣桌布。来到公园，她找个空位子坐下便开始绣花，一个老太太朝她走过去。

“姑娘，如果你不急着走的话，”她说，“我可以坐在这儿跟您聊聊吗?”

“当然可以!”女孩说。

老太太在女孩身边坐下，面带微笑地望着女孩说：“知道吗，我坐在对面看了你好长时间了，真觉得是一种美好的享受啊。在现代化的城市中心，忽然看到一位梳长辫子的姑娘穿一身朴素的白麻布裙子坐在这儿绣花！这是多么美好的景象！我要把这幅画面珍藏在我的幸福之篮里。”

“什么，幸福之篮?”女孩不解地问。

“是的，我的幸福之篮。你知道，谁都愿意幸福，但并不是所有的人都懂得怎样才能幸福。在我看来，幸福就是那些快乐的时刻，就是一颗宁静的心对着什么人或什么东西不由自主发出的微笑。我坐在对面椅子上，看到一位漂亮的姑娘在聚精会神地绣花，我的心就微笑了。于是，我把这一时刻记录下来，装进我的幸福之篮里，为了以后能一遍遍地回忆。往后，当我难过时我就打开篮子，将里面的珍品细细品味一遍，其中就会有一个我取名为‘白衣姑娘在夏日乐园刺绣’的。循着这个名字，我就会看到在深绿的树叶下，一位姑娘正在聚精会神地绣花。我就会想起阳光透过枝叶的缝隙洒在你的衣裙上，你赤着脚，脚趾头还朝里弯着，因为地面有点凉。我也许还会想起更多的细节，因为它们都那么美。”

“太奇妙了！”女孩惊呼起来，“一只装满幸福时刻的篮子！您一生都在收集幸福吗？”

“是的，在我的篮子里，没有生活中丑恶的东西，只有美好的东西，他们永远保留在我的记忆中。”

收藏幸福的篮子与厚重的相册一样，收藏的都是人生重要的瞬间。收藏幸福，我们的生活就充满阳光；收藏甜蜜，我们的生活就充满幸福；收藏朋友，我们的心中会充满感激；收藏笑脸，我们的生活就会充满欢笑；收藏理解，我们会收获更多信任；收藏爱情，我们会变得更加沉静；收藏成功，我们会更加成熟。同样，失败也可以收藏。收藏失败，我们将收获更多的勇气和执著；收藏痛苦，我们的步伐会更加坚定；收藏对手，我们的心中会充盈坚强；收藏悔恨，我们的人生会少些坎坷；收藏一次挫折，人会变得聪明；收藏一次教训，人会变得睿智；收藏悲伤，我们将有更多力量；收藏一句忠告，人会变得谦和；收藏一份付出，人会变得无私。收藏是我们生命的一部分。

收藏像一抹阳光，它能把人心灵上那些痛苦的记忆全都溶解在温暖里，让你的心面向着快乐的一面；收藏是一根韧性极强的弦，当你的力量把它拉得足够满时，它将会把你所积蓄的力量一丝不留地迸发出来；收藏是一面坚硬的盾牌，它能够帮助你挡住前进路上无尽的暴风雨；收藏是一阵和煦的春风，吹拂的季节令人心旷神怡；收藏是一杯甘醇的美酒，当我们的心田干涸时滋润着我们；收藏是一笔生活的财富，在岁月的流逝中不断沉淀丰厚；收藏是一面正衣冠的铜镜，让人不断成熟睿智。

将最美的镜头装裱收藏起来，春雨润湿门前花瓣的细腻，微风吹落屋檐雨滴的释然，幽兰弥漫旷谷的雅致。将最感人的镜头装裱收藏起来，父母的含辛茹苦和无微不至，老师的谆谆教导，同学的热心帮助，好友的温馨祝福。生活中，实在有太多的东西需要我们收藏——每一个温馨的细节，每一个坚实的足迹，每一次幸福的感动，每一份真诚与信任，每一份宁静和从容，每一份充实与人情。

对于我们更多人而言，也许只是在一个季节里突然飘进书包的几片叶子，也许只是妈妈在衣服上钉的几粒纽扣，也许只是小学的同桌送的几块橡皮，也许只是一个记载着童年欢乐的沙包，也许只是在一个美丽的地方拾来的标本……这些都是我们所拥有和珍惜的。生命也因为这些收藏而有了厚度。

心灵许愿瓶

让我们学会享受收藏的幸福吧，当刺骨的寒冷到来时，将收藏的一朵火焰点燃；当痛苦到来时，将收藏的一丝快乐打开；当衰老到来时，将收藏的一份年轻释放。只有学会收藏，享受收藏，我们才更懂得珍惜，懂得感恩，懂得生活。

5. 再大的阵势，生活仍要返璞归真

生活的返璞归真是一个至真的道理，是一种使我们的生活更自然简洁、纯净清新的态度，是一种较高层次的生活品质，我们也只有透过回归简朴才能生活得有活力，才会感受到轻松和愉快。

每天早晨，他被窗外百年老银杏树上唱歌的小鸟们叫醒，伸伸懒腰，以健康专家所指导的姿势起床，穿好衣服之后，用一把陪伴了他近50年的古董级紫砂壶泡上一壶浓浓的茶。一杯茶下肚，这时老伴适时送上温度正好的早餐。吃完早餐，他走出那间建于明朝的老屋，从磨得光滑的青石板上走过，准备到花园晨练。花园占地约100亩，长满了高大的古松和银杏。他选了一处听得见水声的假山背后，气定神闲地打完一套太极拳。深呼吸后，他拍拍手，掸掸袖子，开始了新一天的工作……很多人会问，像这等神仙般的老先生，是何等尊贵的身份？其实不然，这位老人是公园管理员，他每天和老伴一起负责公园里的清洁工作。

生活归于简单，便是最好的生活。但往往财富和地位会使人迷失，有这样一个故事：一个拥有无数钱财的吝啬鬼去拉比那儿乞求祝福，拉比让他站在窗前，让他看外面的街上，并问他看到了什么，他回答说："看到了街上的人们。"拉比又把一面华丽的镜子放在他面前，问他看到了什么，他说："我自己。"拉比解释说："窗户和镜子都是玻璃做的，不同的是镜子上镀了一层银子。单纯的玻璃让我们能看到别人，而镀上银子的玻璃却能让我们看到自己。"可见，在各种外界的干扰下，我们总是只专注于眼前的所得，放不下自己在其中的位置，也看不到更

多更宽广的景色，更无法给自己自由。

托尔斯泰的文集里有这样一篇故事《追求幸福的伊利亚斯》。大意是讲：伊利亚斯夫妻年轻时家财很少，两夫妇为了追求幸福的生活，努力营生，后来拥有了很大的牧场和花园，交往的朋友也都是官宦士绅。他们雇佣了许多工人，对朋友往来迎送，极尽地主之谊，天天忙得不可开交。十几年后，伊利亚斯家道开始衰落，他们的子女也只会游手好闲耗用家财。加上天灾人祸，伊利亚斯家很快就没落了。时至老年，他们两人一贫如洗，只得去别人家当帮佣。一天，主人宴请亲友，在宴会中，主人问亲友："你们认得这对老夫妻吗？"大家都说不认得。主人说："他们就是伊利亚斯夫妇。"众亲友无不惊讶，感叹命运何其捉弄人，众亲友甚至表示要给他们一些帮助。伊利亚斯却说："我们在年轻时，努力追寻幸福，但没找到幸福。一直到两年前，我们一无所有变成佣人后，才真正得到幸福。也许你不相信，但这确实是真的。当我们富有时，许多事让我们操心，我们要照顾工人防止他们偷懒，并且要尽量从他们身上得到最大的利益。我们要尽心款待朋友，以免他们说我们坏话。我们没有时间交谈，没有时间向上苍祷告。但是现在我们清晨起来，会彼此说几句恩爱的话，生活很平静，再也没有什么值得争吵。我们工作回来就有晚餐可吃，有酒可喝，天冷了有燃料可取暖。我们有更多的时间闲谈，有更多的时间做祷告。多年来我们追求幸福，但直到现在才真正找到。"这时众亲友听得都笑了，他们的眼睛里不再有怜悯的神情，反而有了一丝羡慕。

和伊利亚斯的选择一样，为了摆脱这种束缚，越来越多的人选择远离财富，远离繁华，去郊外买一块地，自己耕种，吃自己栽种的食物，自己亲手缝衣服，他们远离金钱的价值观，远离电脑电视等现代电器，也不需要大型超市。他们与周围同样信奉简单生活理念的邻居一起交谈、劳作，共享劳动成果。他们的孩子也参与所有的家务，在大自然中玩耍和体验。他们的追求不再以金钱或地位衡量，而更注重身心健康和心灵的保养，他们更容易获得满足，也在满足中保持清醒的思考，不被世间繁华的表象迷惑困扰。

有一个美国诗人，一生都住在旅馆里，他不买房子，并不是没有能力为自己买一座房子而是因为觉得这是负担。他不断地旅行，一生都在旅途中，这是他选择的生活方式。后来政府鉴于他为文化艺术所作的贡献，也鉴于他已年老体衰，决定免费为他提供住宅，但他还是拒绝了，理由是他不愿意为房子之类的麻烦事情耗费精力。就这样，这位特立独行的行吟诗人，直到90多岁时逝世在旅馆中。他死后，朋友为他整理遗物时发现他一生的物质财富就是一个简单的行囊，行囊里是简单的衣物及写作用的纸笔。在物质方面，他是极其贫乏的，但是精神方面，他给世界留下了许多随笔作品和10卷优美的诗歌。

其实，我们每个人需要维持基本生存和健康所需的东西并不会太多，因此我们的幸福快乐和拥有的财富并不能成正比，与真正的内心安宁快乐相比，很多事情不再那么重要。只有简简单单地生活，忠实于自己的思想，忠实于自己的自由，不为物役，不为人事左右，才能保持内心的一份淡然和坚定，才能享受一份安适恬淡的乐趣。

心灵许愿瓶

大道至简，大德至朴。“山不在高，有仙则名。水不在深，有龙则灵。斯是陋室，唯吾德馨。”刘禹锡的《陋室铭》道出了生活的真谛。一个健康的人生一定是去繁就简的，只有返璞归真的生活，才能使人宁静，使人快乐。

6. 真正的完美无须太多特技

就让这一份淡然的本色永远来相陪，不管外面的风风雨雨，不管世事变幻沧海桑田，永远就这样平平静静地生活，不企望流芳溢彩，不奢望明艳夺人，真正的完美其实就是这样简单！不需要太多特技，也不需要太多编排，还生活一丝率真，给生命一份本色，就是生活最完美的意义！

生命不需要太多特技，就如同美丽其实并不需要更多的修饰。花圃里整齐划一的景观，呈现出各种有趣的几何图形、动物图形，都是以牺牲植物的身躯及四肢为代价的。偶尔有一两枝生命力极强的花枝，在整齐中抬起自己不屈的身姿，马上就会被园丁无情地修剪掉。这种为人们欣赏而生存的植物，已经丧失了作为植物的生动有趣，不过是一种道具。被不断修饰和裁剪的生命被统一整齐化之后，也不过是在技术下毫无情趣的景观。

相比花圃里的花草，从田野山间随意采摘的一些无名花卉所带来的美感和生气，比这些僵硬呆板的已失去生命本色的植物要动人得多。它们不屈健康、自由纵情，呈现的是生命的本来面目。

和花草一样，我们可以让自己任人雕琢摆放在街道广场上，也可以选择做田野里肆意开放的野草野花。田野里的花草固然不会有景观植物那么多观众，也没有温室的保护，没有园丁的打理，只能独自开放，独自欣赏。它们要忍受常年在田野的寂寞，要忍受风雨的吹打，要忍受来自自然竞争的残酷。但是，一旦它们被人发现，谁不会感叹：这是自然的杰作，这是完美的花叶！经过了风雨，经历了孤单的生命怎么会不美呢？反之，那些违背了自然浮夸出来的美丽总是虚幻的。

在一个非常有名的马戏团，有一男一女两个对比鲜明的台柱子。男演员是一个小丑，奇丑无比。女演员是驯兽员，貌如天仙。这一美一丑两名演员吸引着成千上万的观众，使马戏团的生意源源不绝。也因为女演员长得太美了，身后总有大批追求者围着她转，那些追求者中不乏英俊不凡、家财万贯的人，但她却一个也看不上，因为她爱上了奇丑无比的小丑，小丑才是她理想的结婚对象。如此喜事让小丑幸福得简直不敢相信这是事实。距离婚礼还有一个月的时候，小丑偷偷地找到了一名医术非凡的整容师，花大价钱将自己整得英俊无比，手术无比成功，小丑与从前相比已是判若两人，他想给未婚妻一个惊喜。当小丑信心十足地来到未婚妻面前，把一切都告诉她时，未婚妻先是无比惊奇地看着陌生的他，然后十分痛苦地对小丑说："我们分手吧！"小丑大惊失色地问："这是为什么？"未婚妻告诉他："你那被别人认为奇丑的面貌，在我眼里是那样美，那样令我着迷，那是你与生俱来的别人不可能有的，那是你生命的完美本色，而现在你却把它丢了，如今你变得让我认不出来了，你让我感到非常陌生，我再也无法将你看成是从前的那个人！"于是，喜事停止，改变了面貌的小丑的表演也不再那么让人喜欢，以致后来成为了马戏团里普通的演员。

女演员之所以爱上小丑，只不过是因为他的自然让她着迷，经过了整容之后，就不再是他，而我们又何尝不是经常犯和小丑一样的错误呢？看着别人的美丽，幻想自己也能得到，于是为了追求那份虚无反而将自己原本拥有的美丽丢失。而富有魅力的人，总是懂得坚持自己，潇潇洒洒，不做作，也不委曲求全。他，对月独酌，边吟"人生在世不称意，明朝散发弄扁舟"；他洒脱不羁，纵心任情，无视皇帝的御旨，"天子呼来不上船，自称臣是酒中仙"，也只有这样本色的谪仙方可写出仙气磅礴的诗篇。他，看淡世事，拒绝当时权倾朝野的宁王招他做幕僚，宁可去往江南，“闲时便把青山画，卖得桃花当酒钱，”过着豁达的隐居生活。他们都有着世人钦佩的潇洒不羁和率性倜傥！

保持自然的自己，就必须懂得舍弃不属于自己的东西，即使将一份完美的生活捧在你的面前，不属于你的就应当舍弃，否则只会将你的本来生活扭曲变形。

在罗斯福执政期间，麦克斯·威尔医师曾负责为总统夫人的一位朋友做一个手术。为了表达感谢，罗斯福夫人邀请他到白宫去。他在那里过了一夜，就住在林肯总统曾经睡过的房间的隔壁，为此他感到无比激动。当天晚上他根本毫无睡意，想着隔壁就是总统睡过的房间，他开始用白宫的文具和纸张给他的母亲和朋友一一写信。他在心里对自己说：“麦克斯，你真的到白宫了，并且现在住在这里，这是多少人做梦都不敢想的事情啊！”

第二天一早起来，他被邀请一起用早餐，总统和夫人已经在那里了。他吃着盘中的炒蛋，心里想着回去以后该怎样向自己的家人和朋友描述这么美好的早晨。但是麻烦出现了，因为仆人送来了一托盘的鲑鱼，而他以前从不吃鲑鱼，他心怀畏惧，对着那些鲑鱼发呆，在思考要不要吃。这时，罗斯福夫人向麦克斯微笑，指着总统先生说：“他很喜欢吃鲑鱼。”麦克斯心想：“总统都觉得好吃，我就不能觉得很好吃吗？”于是，他切着鲑鱼混着炒蛋一起吃下去。结果，他从中午开始就觉得身体不舒服，非常想呕吐，这种糟糕的情况一直持续到晚上。

后来，麦克斯一直思索这件事，他从中悟出了一个道理：“其实我一点儿也不想吃鲑鱼，而且根本也不必吃，但是我为了想和总统一样拥有一个这样美好的早晨和早餐，于是背叛了自己的习惯。虽然这是件小事，可是换个角度想，这不正是生活中许多人常碰到的陷阱之一吗？”

只有懂得舍弃，才能避过这个最常碰到的陷阱。有一种枯叶蝶，被称为自然的禅者，因为同为蝴蝶，它却舍弃了蝴蝶应有的粉墨容颜，舍弃了轻盈曼妙的舞姿，舍弃了精致轻巧的翅翼，舍弃了金色触须，甚至它退出了繁华的花丛，选择与枯败凋零的黄叶为伍。它的整个姿态、形状、颜色就是两片憔悴衰败的叶子。为了保护自己，为了维持自己完美的个性，它不仅仅舍弃了如此多的完美，还拒绝了春天的诱惑，守护着秋天的枯败。

心·灵许愿瓶

生命如一股清泉，如果不懂得自己的流向，放任自己被挟带着向前流动，就会变得浑浊激荡，失去了自己原本的清澈。因此就让自己自然绽放，自然凋谢吧！生命的美丽就在于朴实自然，厚重无华！

7. 忘记昨天，开创明天无限可能

我们每个人看似只能过一种生活，但人生的可能性却有无数种，只是多少阻挡畏惧，让我们只能选择现实的这一种，而与其他的可能性擦肩而过。无论今日今时的你对现在的生活是否如意，对那还未付诸现实的可能都要保持一份期待。如果你够勇敢，就请忘掉昨天，开创明天吧，因为这时候的你完全可以步入无限可能的未来。

一天之中，你是多少岁？或许你会认为这个问题很奇怪，但是就是有这样一些人，他们在一天之中，会用20岁激荡不安的心去海边逐浪、去球场欢腾，体会生命的渴望和纯真；会用30岁丰盈柔软的心去陪伴成长中的儿女，倾听他们的小烦恼和好奇心；会用40岁智慧练达的心去打拼职场，去坚忍与承担；会用50岁喜悦与自足的心去豁达处事，握一卷书在手，听朋友高谈阔论；会用60岁沉静的心闲对春风，回味生命历程。

一天是如此，有无数的可能性，一生更是如此，你可以这样生活，也当然可以那样生活。不管昨日如何，明天又是新的一天。

在澳大利亚一个有名的旅游小镇上，有一个女孩，从豆蔻年华开始，就在本地当导游，待遇很好。随着岁月的流逝慢慢走到暮年，当她80岁的时候，她依然在这个小镇上。偶尔，她还会像年轻的时候一样向游人细心地解说某一处经典。但突然有一天，她说着说着自言自语了一句别人无法理解的话，她说：这个地方很美，我生活了一辈子，现在我要去另外一个地方生活了。所有人以为她要离开人世，于是都来劝阻。没想到，她不顾别人的劝阻，毅然放弃了优越的生活环境，拿着变卖房产的钱去了墨尔本。

她在墨尔本学习绘画，听自己喜爱的古典音乐，和年轻人一起去看当地流行的时装发布会，参加各种社交活动。她后来还出人意料地当选为墨尔本政府的一名议员。虽是一位年逾花甲的老人，但她竟能像年轻人一样充满朝气地生活着。她受到当地人的爱戴，大家都想她还有可能当选为墨尔本市的市长。但是在她90岁那年，她不小心摔倒在自家门前，生命力如此旺盛的老人与世长辞了。人们根据她的遗嘱在她的墓碑上写下了这样一句话："茉莉，生于1990年，于2000年快乐地结束了在人间的旅行。"

后来到此悼念她的游人很纳闷，说她不是1910年出生吗？为何只活了10年？导游解释说，老人说过，因为她是从80岁那年开始了另一段生命，在这10年期间她最快乐，所以说自己只活了10年。

生命如一泓清水，拘于一池之中不流动就会腐臭。放开自己的脚步去流走，离开自己已经熟悉的环境，也许会被暗礁撞得遍体鳞伤，会不由自主变得浑浊，但是奔走着生命就会不息，奔走着就能变得更清澈、更有活力。

将生命放任为一泓清水，生命就能提升到不同的境界。可以升腾为飘浮天空的云彩，自由翱翔。可以化为雨，滋润干涸的土地。可以滴而为露，渗透在每一个生命的成长之中。生命在一次次的变换中，不停地遇见惊喜，如此生生不息。泰戈尔诗集《飞鸟集》里有这样一句诗：生如夏花之灿烂，死若秋叶之静美。生活着，就要灿烂、奔放，就要活得精彩、无限可能。然而要开创明天，就要有勇气与昨天告别。如果说开创明天是一种智慧、一种技巧，那么忘记昨天，不失为人生的一种洒脱、一种勇气。

诺贝尔化学奖得主格利雅，过去曾有一段非常糟糕的生活，他整日闲逛，不务正业，也毫无追求可言，是一个让人讨厌的花花公子。一天，22 岁的格利雅去参加一个盛大的舞会，在舞会上，他对一位秀丽端庄的女郎产生了好感，于是走到她面前请求与她共舞，没想到那位女郎好像没有听见他的邀请似的，根本不予理睬。格利雅再次躬身并大声邀请，但女郎冷面相对，只说了一句话就离开了，她说："走开！我最讨厌您这样的花花公子！"这句话让格利雅深受打击。他突然发觉自己在无所事事的生活中浪费了太多青春岁月。悔恨交加之际，他给家人留下一个"你们不要来找我"的纸条，便独自去往外地求学。经过两年的努力，格利雅补上了荒废了的学业，并且作为插班生考入了里昂大学化学系。重生的格利雅变得异常勤奋，还常有精辟的见解，让老师们颇为重视。后来，在名师指导下，他完成了金属镁有机化合物制备论文，获得里昂大学博士学位。之后，他又发明了格氏试剂，这项发明对有机化学研究领域影响深远。格利雅也因此在1912年获得诺贝尔化学奖。

生活中有一些人哀叹于过去的痛苦或者满足于曾经的辉煌，似乎生活对他们来说，永远都是过去式。殊不知羁绊于过去之中，就很难洒脱地走向美好的明天。过去的生活，不管是辉煌还是暗淡，都会被时光带走，除了给我们留下记忆，它能影响我们什么呢？沉溺于过去，将羁绊我们今天的启程，使我们丧失继续奋斗的激情。

因此忘了昨天，去遇见明天吧！只要不自我封闭，只要我们勇敢向前，就没有什么能够阻挡我们对自由的向往，也没有什么能阻挡对美好生活的追求！

去开创明天，就是要学会在适当的时刻果断地结束昨天，勇敢地开始，坚持不懈地给生命之花注入养分！巧妙地用另一种形式将生命、事业、爱情延续，如果过去是凋落的，那么之后便是绽放的。如果过去是绽放的，那么之后便是灿烂的！

心灵许愿瓶

原来，人的一生可以有很多转变，你不用在同一行业一直待下去，也不用在同一个地方一直生活下去，更可以不按同一种生活方式去生活。为了这样可贵又短暂的生命，为了昨日和明日的区分，我们就应该去尝试各种不同的可能性，去开创，去尝试，去灿烂，去过不一样的生活。

8. 华美收尾，明天是一份精彩的期待

重新出发吧！如果你仍然有开启新生活的念头！

重新出发吧，还等什么呢？行囊已经准备在手，鞋子已经穿在脚上，只待你迈开脚步。

重新出发吧，没有什么羁绊会阻挡你！

重新出发吧，没有什么困境可以缠住你！

你尽管去做，因为你一定能行！

曾有人问球王贝利一个颇有意思的问题："你最喜欢的进球是哪一个？"贝利的回答也很有意思，他的答案是："下一个。"也曾有人问我国一个著名的导演最喜欢的电影是哪一部，他的回答与贝利有异曲同工之妙："下一部。"

两人的回答，都代表着追求无止境，即使成功也没有功成身退之说。因为在他们看来：人生是一个永无止境的奋斗舞台，不因一时的失意而踌躇满志、躲于幕后，也不能因一时的胜利而忘乎所以、退居观众席。

和他们一样，很多人都选择重新出发。选择重新出发，即使正处成功之时，哪怕你刚遭遇困顿；选择重新出发，是为了去遇见真正的精彩，就是"下一个"、"下一部"。曾经走过了深邃神秘的森林，就去走走"长河落日圆"的沙漠；曾经走过了广袤无垠的平原，就去走走地势险要、巍峨挺拔的高山。

曾做过英国首相的劳合·乔治有一个习惯——总是随手关上身后的门。有一天，乔治和朋友照例在院子里散步，他们每经过一道门，乔治

总是会转身随手把门关上。朋友很是不解："你有必要把这些门都关上吗?"乔治微笑着回答："当然有这个必要，当你关门时，也将过去的一切留在后面，不管是美好的成就，还是让人懊恼的失误，然后你又可以重新开始。我这一生都在关我身后的门。你知道，这是我必须做的事。"

随手关上身后的门，就如同对过去说再见，重新开始新的征程。劳合·乔治说这是他必须要做的事，是的，我们也一样，大可以去做。因为不仅仅你有此梦想，连我们的生命似乎也时刻准备着出发。生命的潜能是无限的，不论你处于人生的哪个阶段，只要你还能思考，充满了梦想，你的世界随时都可以重新出发，没有年龄限制，更没有性别区分，只要你有决心和信心。

出发吧，我们的心灵之音能听得到，那么我们的大脑又在出发前夜想着什么呢？让科学家来告诉我们吧！爱因斯坦死时曾表示愿意将他的大脑捐献出来供人们研究，后来科学家研究发现，实际上爱因斯坦的大脑使用还不到全部的10%。这说明最伟大的科学家他的大脑至少有90%被荒废掉了。

那作为其他的普通人用了多少？荒废了多少呢？科学家推断，用掉的不到5%，甚至有些则连1%都不到。脑科学研究表明，如果一个人的大脑全部开发，那么他能学会40种复杂的语言，拿14个博士学位，能将百科全书从头到尾一字不漏地背下来，可以阅读世界上最大的图书馆1000万册的50倍那么多的书！毫不夸张地说，如果一个人的大脑得以全部发挥，所有可以想象得到的事情，它都可以去完成，而我们每个人都拥有这样的大脑。

激励大师查尔斯一再地自我勉励，他始终相信自己的生命能保持活力。因此他在41岁时，开启了人生的方向，重新开始。

在41岁前，查尔斯一直住在纽约，并负责长老会的宣传工作。在长老会服务的那段时间里，查尔斯的足迹遍布了美国和加拿大的沿海一带。每天晚上，他都必须面对成千上万的人们演讲。全盛时期，他还要主持哥伦比亚广播公司一个名为《上看生活》的节目。成功之后的查尔斯并没有停止自己的脚步，他觉得自己应该过另一种生活，一种和现在不一样的生活。于是41岁时的查尔斯放弃了从前的一切，带着简单的行囊，租了一辆车，往多伦多的方向前进。在前进的路上，查尔斯不断地思考自己的未来："我已经41岁了，如何重新开始？我能选择什么样的工作？什么才是最适合我的？有谁愿意雇用一个只做过牧师工作的人呢？"思索了许久，最后查尔斯决定编写剧本。查尔斯来到多伦多后，在很快的时间内完成了3套电视剧本，并成功地卖给了加拿大广播公司，不久，该公司的制作人邀请他主持一个有关社会事务的节目。至此，查尔斯的人生新旅程又开始了！

查尔斯不仅为自己创造了更多发展的机会，也证明了生命其实有无限的可能。重新出发，我们需要带什么呢？它需要一份顽强的毅力，林肯一生坎坷波折，多次竞选议员失败，经商破产，但在人生的旅途上，他不断地重新出发，无论是到达人生的巅峰，抑或不如人意的低谷，他都在不停地努力，不断地寻求自我的超越。因为对他而言，眼前的成败得失不过是过眼云烟，他要重新出发以实现他生命更深沉的意义。重新出发，还需要一份永不言弃的坚强。"野火烧不尽，春风吹又生"。我们还需要带上一份永不放弃的心灵镇痛剂，在重新出发的道路上，勇敢地服下它。

服下它，就出发吧，如果你热爱生活，如果你热爱追求，如果你喜欢出发这个词，如果你喜欢你的人生！在一次一次的日出日落之后，你的身影如今又到了何方？

心灵许愿瓶

我们的人生不能在某一次的失败或成功间打转，它更应该是一条光明的康庄大道，走过去，前方还有路。生命不息，路途不止。趁着双脚还能行走，趁着双眼还能欣赏，趁着双耳还能听见世间的声音，趁着心灵还能承受悲欢苦乐，趁着大脑还能清醒判断，带着自己最简单的行李，将爱、勇敢、坚强、坦然、感恩装在一起，走吧！明天又是一份精彩的期待！